지구환경지킴이 꿀벌을 사랑하는 수의사가 본 꿀벌의 세계

꿀벌 세계와 꿀벌 수의사

CONTENTS

프롤로그   006

1부 꿀벌의 경이로운 세계   012

1장   꿀벌의 탄생과 생태   014
1. 꿀벌 한 마리는 어떻게 태어날까?   016
2. 꿀벌의 종류 및 여왕벌 · 일벌 · 수벌의 역할   020
3. 꿀벌의 바쁜 하루   025
4. 흥미로운 꿀벌의 세계   028

2장   꿀벌의 특별한 능력   031
1. 꿀벌의 오감   033
2. 꿀벌의 춤 언어   038
3. 기억력 좋은 꿀벌   042
4. 꿀벌의 뛰어난 방향감각   044

3장   자연 속에서 꿀벌이 하는 일   047
1. 꽃가루받이의 달인, 꿀벌   049
2. 농작물 수확량을 늘리는 꿀벌   052
3. 꿀벌이 사라지면 어떤 일이 벌어질까?   055

4장   우리가 먹는 벌꿀   059
1. 꽃의 종류에 따른 벌꿀 분류   062
2. 생산 방식에 따른 벌꿀 분류   069
3. 특별한 유형의 꿀   073
4. 벌꿀의 성분 · 효능 및 결정화 현상 · 보관   076

2부 꿀벌이 직면한 위기

5장 지구가 아프면 꿀벌도 아프다
1. 기후 변화가 꿀벌에게 미치는 영향
2. 비 오는 날, 벌들은 어떻게 할까?
3. 꿀벌의 생활을 바꾸는 이상기온

6장 꿀벌의 천적과 질병
1. 꿀벌을 위협하는 천적
2. 꿀벌의 치명적인 적, 응애(진드기)
3. 꿀벌의 바이러스와 세균 등 질병
4. 꿀벌의 천적과 질병으로부터 보호 방법
5. 외래성 작은 벌집 딱정벌레의 피해

7장 인간이 만든 위험들
1. 농약이 꿀벌에게 미치는 영향
2. 벌집이 사라지는 수수께끼, 군집 붕괴 현상(CCD)
3. 도시에서 살아남는 꿀벌들

3부 꿀벌을 치료하는 사람들　　　　　　　　　　　　142

8장　꿀벌 수의사의 진료가 필요한 꿀벌　　　　　　　144
1. 꿀벌을 돌보는 특별한 직업, 꿀벌수의사　　　146
2. 꿀벌 건강 체크　　　149
3. 꿀벌 치료 및 위생관리　　　153

9장　꿀벌 수의사는 무슨 일을 할까?　　　　　　　　157
1. 꿀벌의 질병 진단과 치료　　　159
2. 양봉장 환경 관리 및 양봉 농가 지원 상담　　　163
3. 꿀벌의 건강을 지키기 위한 연구 및 교육　　　168
4. 정책 자문 및 보호 활동　　　174

4부 꿀벌을 지키는 사람들의 노력 ... 178

10장 꿀벌과 함께하는 사람들 ... 180
1. 양봉가 : 꿀벌을 키우는 사람들 ... 182
2. 꿀벌 보호 환경운동가 : 꿀벌을 지키는 사람들 ... 186
3. 일반인 : 우리는 무엇을 할 수 있을까? ... 189

11장 꿀벌 보호를 위한 노력 ... 190
1. 친환경 농법과 꿀벌 보호 ... 192
2. 도시 양봉과 생태 보호 ... 196
3. 꿀벌을 살리는 작은 실천들 ... 201

부록
1. 꿀벌 보호 실천 가이드 ... 209
2. 한글 양봉 용어 ... 214

참고자료 ... 218
에필로그 ... 224
저자 소개 ... 230

Prologue
꿀벌 세계와 꿀벌 수의사

사라지는 꿀벌을 지키기 위해 '지구환경 지킴이 꿀벌 수의사'가 만든
♪꿀벌 사랑♪ 노래를 오늘도 강의장에서
학생들에게 들려주고 있습니다.

꿀벌 사랑

꿀은 꿀벌의 소중한 식량이지
우리가 채취하여 먹고는 잊고 살지 우~후

환경변화로 질병에 시달려
세균과 살충제에 굴하지 말자고

기후변화로 꿀벌이 사라지지만
환경 지키는 꿀벌 수의사가 있어서 힘이나

화분 전해줄 꿀벌이 사라진다면
오~호 지구촌의 모든 환경 사라져

꿀벌아 내 꿀벌아 ~
지구 환경지킴이 꿀벌아~

꿀벌아 내 꿀벌아~
사랑하는 우리 꿀벌아~

꿀벌, 이 작은 생명의 중요성

햇살이 따뜻한 어느 봄날, 꽃밭에 작은 꿀벌 한 마리가 날아옵니다. 꽃송이에 앉아 꿀을 모으는 듯 보이지만, 사실 꿀벌은 아주 중요한 임무를 수행 중입니다. 바로 꽃가루 받이(수분, 受粉)입니다.

꿀벌이 꽃 한 송이에서 다른 송이로 날아다니며 꽃가루를 옮기는 덕분에 우리가 먹는 과일, 채소, 견과류의 열매를 맺을 수 있습니다. 세계에서 생산되는 주요 농작물 중 약 71% 이상이 꿀벌의 도움을 받고 있습니다.

꿀벌의 세계는 인간의 사회생활까지 우리들의 삶과 모습을 같이합니다. 그래서 꿀벌이 살아가는 이야기는 지구상의 어떠한 곤충보다 우리에게 많은 것을 주고 있으며 함께 살아가야 하는 꼭 필요한 존재입니다.

지구환경의 변화로 사라지고 있는 꿀벌

전 세계 곳곳에서 꿀벌 개체 수가 급격히 줄어들고 있습니다. 기후변화, 농약 사용, 서식지 파괴, 바이러스 감염 등 여러 가지 이유가 겹쳐서 벌집이 텅 비어버리는 군집 붕괴 현상(CCD, Colony Collapse Disorder)이 발생하고 있습니다.

지구환경 변화로 "꿀벌이 사라지면 인류도 위험해진다"는 단순한 경고가 아닙니다.

꿀벌을 치료하는 '꿀벌 수의사'

우리는 강아지나 고양이가 아프면 동물병원에 데려갑니다. 꿀벌도 병에 걸립니다. 그럼 작은 생명체인 꿀벌이 아프면 우리는 어떻게 해야 할까요?

꿀벌이 병에 걸리고 응애(진드기), 바이러스, 세균 감염 등으로 벌집 전체가 위험에 처하면 많은 문제가 생겨납니다. 또한 지구환경 변화로 꿀벌 개체 수가 줄어들면서, 꿀벌을 보호하고 치료하는 일이 점점 더 중요해지고 있습니다.

그래서 요즘 새롭게 등장한 직업이 동물(가축)을 치료하는 수의사 중 '꿀벌 수의사'가 생겨나고 꿀벌 전문 동물병원도 있습니다.

'꿀벌 수의사'는 벌들을 건강하게 유지할 수 있도록 연구하고, 질병을 예방하고, 양봉 농가를 돕는 역할을 합니다. 병에 걸린 벌을 치료하고, 벌집 위생을 관리하며, 꿀벌 질병을 연구하고 백신을 개발하는 등 꿀벌을 돌보는 다양한 일을 합니다.

'꿀벌 세계와 꿀벌 수의사' 책에서는 꿀벌의 탄생과 생태, 꿀벌의 특별한 능력, 자연 속에서 꿀벌이 하는 일, 우리가 먹는 벌꿀, 지구가 아프면 꿀벌도 아프다, 꿀벌의 천적과 질병, 인간이 만든 위험들, 벌을 치료하는 꿀벌 수의사가 하는 일, 꿀벌을 지키려는 사람들의 노력과 꿀벌을 보호하기 위해 우리가 할 수 있는 일들을 쉽고 재미있게 설명하려 합니다.

꿀벌을 지키는 것은 곧 지구를 지키는 일

꿀벌은 인간에 비하여 아주 작은 곤충이지만 생태계에서 맡은 역할은 아주 큽니다. 그러나 현실은 이상기온·질병 등 지구환경의 변화로 개체 수가 감소하고 있습니다. 꿀벌 한 마리를 살리는 것은 지구환경을 지키고 살리는 일입니다.

이제 우리는 꿀벌을 위해 평소 무엇을 할 수 있나 한번 생각해 보아야 합니다. 꿀벌이 좋아하는 꽃을 심거나, 농약 사용을 줄이고, 도시에서도 벌을 키울 수 있는 환경과 벌집을 위협하는 환경을 개선하기 위하여 다양한 노력을 해야 합니다.

지구환경 지킴이 꿀벌과 꿀벌 수의사

우리는 꿀벌이 사라지지 않고 우리 곁에 계속 있어야 한다는 믿음을 가지고 지구환경 꿀벌 지킴이로 꿀벌 수의사로 활동하고 있습니다. 이를 바탕으로 청소년과 일반 독자들에게 꿀벌의 중요성을 강조하고 꿀벌을 살리는 환경 조성을 위해 '꿀벌 세계와 꿀벌 수의사' 책을 출간하게 되었습니다.

이 책은 꿀벌을 지키자는 '꿀벌과 환경 보호'의 중요성을 독자들이 자연스럽게 이해할 수 있는 내용과 삽화의 형태로 구성하였습니다.

'꿀벌 세계와 꿀벌 수의사' 를 읽고 나면 여러분도 지구환경을 살리는 '꿀벌 환경지킴이'가 될 수 있을거라 생각하며 이제 본격적으로 꿀벌의 세계와 꿀벌 수의사의 이야기를 시작해 봅니다.

끝으로 '꿀벌 세계와 꿀벌 수의사'가 나오기까지 응원해 주신 어머니와 항상 믿고 지지해 준 용봉 가족들, 꿀벌 수의사의 길을 안내해 주신 정년기박사님, 삽화를 그려준 박운음화백님, 에이앤에프커뮤니케이션 김진길대표님, 배정철어도 대표님, 다사랑책방 대표님 등 모든 분에게 감사의 마음을 전합니다.

꿀벌 세계와 꿀벌 수의사

1부

꿀벌의 경이로운 세계

1장
꿀벌의 탄생과 생태

꿀벌은 매우 중요한 곤충이다. 꿀벌은 지구상에 꼭 필요한 생물 5종(영장류, 박쥐, 벌, 균류, 플랑크톤)의 하나이다. 이러한 꿀벌은 철저하게 조직화 되어 있으며, 태어나는 순간부터 발육 단계별로 맡은 역할을 한다.

마치 인간 사회와 같이 꿀벌도 각자의 임무를 맡아 바쁘게 살아간다.

대표적 사회성 곤충인 꿀벌은 한 마리의 여왕과 다수의 수벌 그리고 수만 마리의 일벌(내역봉, 외역봉)로 구성되어 하나의 벌무리(봉군)를 이룬다.

이번 장에서는 꿀벌의 성장 과정과 여왕벌·일벌·수벌의 역할과 꿀벌들의 바쁜 하루 일과를 살펴보기로 한다.

~ 꿀벌 한 마리는 어떻게 태어날까? ~

1. 꿀벌 한 마리는 어떻게 태어날까?

꿀벌의 탄생 과정은 신비롭고 체계적이다. 꿀벌은 알에서부터 성체가 되기까지 일정한 과정을 거치는데, 이는 여왕벌이 낳은 알의 종류에 따라 다르게 진행된다.

1 알 낳기

꿀벌의 탄생은 여왕벌이 낳은 알에서 시작된다. 여왕벌은 벌집의 육각형 방(벌방)안에 알을 낳는다.

여왕벌은 하루에 약 1,500~2,000개의 알을 낳을 수 있으며, 알의 크기는 1mm 정도로 매우 작으며 하얀색의 가느다란 모양을 하고 있다.

2 애벌레 시기

태어난 지 3일째 알에서 애벌레가 부화한다. 알이 부화하면 애벌레가 되는데, 애벌레는 처음 3일 동안 일벌젤리(어린벌이 분비하는 영양식)만 먹는다. 일벌들이 이 애벌레에게 일반젤리나 꽃가루와 꿀을 섞은 먹이를 공급한다. 3일 이후에는 일반 애벌레는 일벌젤리 대신 꿀과 꽃가루 혼합물을 먹으며 성장한다.

반면 여왕벌 애벌레는 계속 로열젤리를 먹는다. 애벌레는 하루에 1,000번 이상 먹이를 먹으며 발육과정 중 여섯 번의 허물을 벗으며 빠르게 자란다.

3 번데기 시기

애벌레가 충분히 성장하면, 일벌들이 육아실 입구를 밀랍, 프로폴리스, 꽃가루가 함유된 재료로 덮어준다. 일정 기간이 지나면 애벌레는 자신의 방에서 고치를 만들고 번데기가 되어 몸이 완전히 변형 되는 완전탈바꿈 과정을 거친다. 이 단계에서 몸의 형태가 변하면서 머리, 날개, 다리가 생기고 점점 꿀벌의 모습을 갖춰가며 꿀벌로 변화한다.

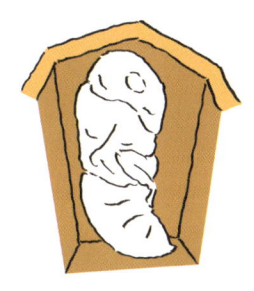

4 성체 꿀벌의 탄생

번데기 시기를 거치면서 약 12일 후, 완전히 성장한 꿀벌은 육아실을 뚫고 나와 꿀벌이 성체가 되어 벌방에서 나온다. 알에서 성체가 되기까지 걸리는 시간은 역할에 따라 다르다.

태어난 직후에는 날개가 약해서 바로 날지 못하고, 먼저 벌집 청소 등의 내부 작업을 맡는다. 생후 약 21일이 되면(일벌), 비로소 벌통을 나가 꽃을 찾아 꿀과 꽃가루를 모으는 역할을 하게 된다.

꿀벌의 살림나기(분봉)는 봄철 벌무리(봉군) 내 일벌 개체수가 일정 수준 이상으로 증가하면 구성원의 일부가 기존의 여왕벌과 벌무리를 떠나 새로운 봉군을 형성하는 현상이다.

분봉에 참여하지 않는 집단은 새로운 여왕벌과 기존의 벌무리를 유지한다. 꿀벌의 세계에서 각 개체의 안위보다 벌무리의 안정적인 유지가 더욱 중요하기 때문에 벌무리를 늘리는 살림 나기가 진정한 의미의 꿀벌 종족 번식이라 할 수 있다.

**꿀벌은 알에서부터 성체가 되기까지
여왕벌은 약 16일, 일벌은 약 21일, 수벌은 약 24일이 걸린다**

꿀벌의 종류 및 여왕벌·일벌·수벌의 역할

2. 꿀벌의 종류 및 여왕벌·일벌·수벌의 역할

1 꿀벌의 종류

꿀벌은 전 세계적으로 20,000종이 넘는 벌 중 하나이다. 그중에서도 우리가 가장 많이 알고 있는 꿀벌은 서양꿀벌(Apis mellifera)이다.

하지만 다른 종류의 꿀벌도 많이 있다. 꿀벌은 동물계(Animalia) – 절지동물문(Arthropoda) – 곤충강(Insecta) – 벌목(Hymenoptera) – 꿀벌과(Apidae) – 꿀벌 속(Apis) – 꿀벌 종으로 분류되며, 전 세계에 분포하는 9종 중 세계 표준 4종은 다음과 같다.

❶ 서양꿀벌 (*Apis mellifera*: 양봉꿀벌)

가장 많이 사육되는 꿀벌로 벌집을 만들고 꿀을 생산하며 꽃가루받이를 도와주며 성격이 온순해서 양봉에 적합하다.

❷ 동양 꿀벌 (*Apis cerana*: 재래 꿀벌)

아시아 지역에서 서식하며 서양꿀벌보다 작고 병충해에 강하지만 꿀 생산량이 적다.

❸ 거대 꿀벌 (*Apis dorsata*; 바위 꿀벌, 인도 최대 종)

동남아시아에서 발견되는 대형 꿀벌로 나뭇가지나 절벽에 큰 벌집을 만들고 공격성이 강하다.

❹ 꼬마 꿀벌 (*Apis florea*; 난쟁이 꿀벌, 인도 최소종)

크기가 작고 작은 벌집을 나뭇가지에 짓는 꿀벌로 주로 열대 지역에서 발견된다.

꿀벌 사회는 철저한 역할 분담이 이루어지는 사회이다

2 여왕벌, 일벌, 수벌의 역할

❶ 여왕벌 (Queen Bee)

여왕벌은 꿀벌 사회에서 유일하게 번식을 담당하는 벌로 하루에 약 1,500~2,000개의 알을 낳고, 애벌레가 부화한 후 일벌들이 가져다준 로열젤리를 먹고 성장한다.

여왕벌은 평균 3~5년을 살며, 페로몬을 분비해 벌집 내의 질서를 유지하는데, 여왕벌이 약해지거나 죽으면 일벌들이 새로운 여왕벌을 키우기 위해 특별한 애벌레에게 로열젤리를 집중적으로 공급한다.

❷ 일벌 (Worker Bee)

여왕벌과 수벌을 제외한 대부분의 꿀벌이 일벌이다. 암컷이지만 번식 기능이 없으며, 꿀벌 사회에서 가장 바쁜 존재이다. 벌무리 내에서 일벌은 부화 후 생리적 기능 변화에 따라 각각 다른 일을 맡게 된다.

즉, 일벌은 나이에 따라 임무가 달라 진다. 어린 일벌(1~3일 차)은 벌집 청소, 중간 나이 일벌(4~10일 차)은 애벌레 돌보기, 젊은 일벌(11~20일 차)은 벌집 짓기·꿀 저장·경비를 맡는다.

중간 나이의 위생 행동(hygienic behaviour)을 하는 일벌은 후각에 의존하여 병원균이 감염성 포자를 형성하기 전에 벌무리에서 질병에 감염된 유충 및 번데기를 감지하고, 신속히 제거하여 감염의 확산을 제어한다.

성숙한 일벌(21일 이후)은 벌무리의 먹이 공급을 위해 꽃꿀과 꽃가루 (화분)를 모으는 외부 활동 등의 일을 수행한다. 또한 일벌은 계절에 따라 수명이 다른 '여름벌'과 '겨울벌'로 나뉜다.

일벌 중 여름벌은 수명이 약 4~6주이며, 겨울벌은 수개월에서 최대 6개월까지 생존한다. 겨울나기(월동)를 마치고 입춘(양력 2월 3일)을 전후하여 여왕벌의 산란을 기점으로 태어나는 일벌이 여름벌이다. 여름벌은 꽃꿀과 꽃가루(화분)를 모으고, 벌무리를 유지하는 등 외부 활동에 적극 참여한다.

반면 여름이 끝나고 가을에 들어서면서 태어난 일벌이 겨울벌이다. 겨울벌은 생리적으로 지방체를 많이 가지고 있으며, 추운 겨울 벌무리의 온도를 유지하여 히터벌(Heater Bee) 이라고 한다. 겨울벌은 추운 겨울에 여왕벌을 보호하고 벌집 내 벌 뭉치(봉구)를 형성하여 벌무리의 생존을 책임진다.

❸ 수벌 (Drone)

수벌은 여왕벌과 교미하는 것이 유일한 역할이며, 교미 후에는 생식기가 몸에서 떨어지며 죽거나 벌무리(봉군)에서 쫓겨난다.

일벌이나 여왕벌과 달리 침이 없고 꽃가루를 모으거나 일하지 않으며, 가을이 되면 일벌들에 의해 쫓겨나 벌집 밖에서 굶어 죽는 운명을 맞는다. 수벌은 일벌과 달리 합성 성페로몬 물질에 특이적으로 반응하며, 여왕벌의 선택을 받는다.

꿀벌의 바쁜 하루

3. 꿀벌의 바쁜 하루

꿀벌 중 일벌을 기준으로 보면 꿀벌의 하루는 매우 바쁘고 체계적으로 운영되고 있는 것을 볼 수 있다. 태양이 떠오르면 일벌들은 날갯짓으로 하루를 시작한다. 1초에 약 230번 날갯짓을 하며, 벌집을 나서 꽃을 찾아간다.

한 마리의 일벌이 하루 동안 방문하는 꽃의 개수는 수천 송이! 그리고 저녁이 되면 벌집으로 돌아와 수확한 꽃꿀을 저장하며 하루를 마무리한다.

① 아침(일출과 함께 출근)

일벌들은 온도가 너무 낮으면 날개가 얼어붙을 수 있기 때문에 해가 뜨고 따뜻해질 때까지 벌집 안에서 대기한다. 해가 뜨면 일벌들은 꽃을 찾아 떠난다.

개별 꿀벌은 하루에 수백 송이의 꽃을 방문하며, 꽃꿀(Nectar)과 꽃가루(Pollen)를 채집한다.

2 낮(꽃밭 출동, 꿀 저장)

벌들은 꽃을 찾아 날아가 꿀을 모은다. 꽃에서 꽃꿀을 빨아들여 꿀주머니(밀위; 위의 일부)에 저장한 후 벌집으로 돌아온다. 채집한 꽃가루는 다리에 있는 꽃가루 바구니에 모아 벌집으로 운반한다. 벌집으로 돌아온 일벌은 꿀을 다른 벌들에게 전달하고, 꿀을 벌집 육각형 방에 저장한다.

벌집에서는 꿀을 저장하고, 꿀의 수분을 증발시키기 위해 날개를 빠르게 퍼덕여 물기를 날려 꿀을 농축시키고 숙성시킨다. 일벌들은 다시 꽃을 찾아 떠나 하루에 여러 번 반복하여 꿀을 채집하거나 벌집을 짓고 애벌레를 돌보는 등 다양한 일을 한다.

3 저녁(마무리 작업, 경비)

해가 지면 채집 활동을 마치고 벌집으로 돌아와 정리 작업을 한다. 벌집 온도를 유지하고, 꿀을 더 농축시키는 작업을 한다. 일부 벌들은 벌집 입구를 지키며 외부 침입자(말벌, 다른 벌 등)로부터 벌집을 지키는 역할을 한다.

여왕벌이 내는 페로몬을 통해 벌집 내의 질서를 유지하며, 꿀벌은 하루하루를 바쁘게 보내면서 공동체를 위해 헌신적으로 일하며 공동체 사회를 유지한다.

4 밤(잠, 휴식)

벌들은 사람처럼 깊이 잠들지 않지만, 활동량이 줄어들고 몸을 움츠리며 휴식을 취한다. 온도가 떨어지면 서로 몸을 맞대고 열을 유지하는 군집 보온 행동을 한다.

4. 흥미로운 꿀벌의 세계

꿀벌은 단순히 바쁘게 일하는 곤충이 아니라, 흥미로운 특징을 많이 가지고 있다.

1 꿀벌의 '춤 언어'

꿀벌은 '8자 춤(와그르 춤)'을 춰서 동료들에게 꽃이 있는 방향과 거리를 전달하는 의사소통하는 방식이 흥미롭다. 춤을 추는 각도와 속도를 통해 정보가 정확히 전달된다.

2 꿀벌의 뛰어난 감각과 기억력

꿀벌은 감각(색을 인식하는 능력, 후각을 활용한 학습 등)과 기억력으로 한 번 방문한 꽃의 위치를 기억하고 다시 찾아갈 수 있으며, 특정 향기나 색깔을 학습하여 효율적으로 꿀을 모은다.

3 천연 건축가

벌집은 완벽한 육각형 구조로 이루어져 있다. 육각형은 공간을 가장 효율적으로 활용할 수 있는 구조이며, 꿀 저장과 애벌레 보호에 적합하다.

4 번개보다 빠른 날갯짓

꿀벌은 1초에 약 230번 이상 날갯짓을 하며 이 덕분에 안정적으로 공중에 떠 있을 수 있으며, 빠르게 이동할 수 있다.

5 초강력 협동작업

꿀벌 사회는 완벽한 협동 체계로 운영된다. 수만 마리의 꿀벌이 각자가 맡은 일을 수행하며, 질서 있는 생활을 유지한다.

6 독특한 방어 전략

꿀벌은 침을 가지고 있지만, 한번 찌르면 죽는다. 벌침의 해부학적 구조가 갈고리 모양으로 되어 있어 한 번 쏘아 박히면 빠지지 않아 침과 연결된 내부장기가 빠져 죽게 된다.

반면 여왕벌의 침은 바늘 모양이어서 여러 차례 찌를 수 있다. 말벌 같은 천적이 공격하면 여러 마리가 몸을 둘러싸고 열을 발생시켜 적을 죽이는 '집단 가열 공격'을 하기도 한다.

7 꿀벌은 왜 이렇게 바쁠까?

❶ 한 마리의 꿀벌이 평생 모을 수 있는 꿀의 양은?

딘 작은 숟가락(약 1/12 티스푼) 정도! 그러므로 수만 마리의 벌들이 협력해서 집을 유지한다.

❷ 꿀벌 한 마리가 하루에 방문하는 꽃의 개수?

평균 2,000~3,000송이! 한 번 나갈 때 50~100송이의 꽃을 방문한다.

❸ 벌 한 마리가 사는 동안 나는 거리?

약 8만km(지구 두 바퀴)이며 짧은 생애 동안 엄청난 거리를 이동한다.

이처럼 꿀벌은 놀라운 생태와 조직적인 사회를 이루며 살아가고 있으며, 꿀벌의 삶은 매우 바쁘고 철저한 조직 속에서 운영된다.

지금까지 꿀벌의 탄생부터 역할 분담 · 하루의 일과 · 그리고 흥미로운 행동까지 살펴보았다. 작은 곤충이지만 매우 정교하고 체계적인 삶을 살아가고 있는 꿀벌이 지구환경의 여러 가지로 변화로 감소 또는 사라진다면, 아마 우리 식탁의 많은 음식이 사라지게 될 것이다.

꿀벌이 우리에게 얼마나 중요한 역할을 하는지
그리고 벌들의 바쁜 삶이 우리에게 얼마나 큰 영향을 미치는지
이제는 심각하게 생각해 보아야 한다

2장
꿀벌의 특별한 능력

꿀벌은 단순한 곤충이 아니다. 생태계에서 중요한 역할을 하며 여러 가지 특별한 능력의 생명체이다. 꿀벌은 각각 별개의 생명 개체이지만 벌무리 전체가 하나의 개체처럼 행동하는 초개체(Superorganism)이다.

꿀벌의 사회생활은 우리들의 삶과 모습을 같이한다. 그래서 꿀벌은 지구상의 어떠한 곤충보다 우리에게 많은 것을 주고 있으며 함께 살아가는 꼭 필요한 존재이기에 우리는 꿀벌이 좋아하는 환경을 조성하고 꿀벌을 보호하는데 많은 관심을 가져야 한다.

작고 연약해 보이는 꿀벌이지만, 사실 놀라운 능력이 있다. 사람처럼 감각을 활용해 세상을 인식하고, 춤을 추어 의사소통하며, 심지어 사람 얼굴까지 기억할 수 있다.

이 장에서는 꿀벌의 특별한 능력에 대해 자세히 알아보겠다.

~ 꿀벌의 오감 ~

1. 꿀벌의 오감

🟢 꿀벌의 시각

꿀벌의 눈은 세상을 다르게 보는 특별한 능력이 있다. 칼 폰 프리슈(Karl von Frisch)는 꿀벌의 시각과 색 인식 능력을 연구한 독일 생물학자로, 꿀벌이 자외선을 볼 수 있다는 사실을 최초로 입증하였다.

❶ 꿀벌의 큰 눈과 작은 눈

꿀벌의 눈은 5개이다. 꿀벌의 머리에는 큰 눈 2개와 작은 눈 3개로 총 5개의 눈이 있다. 큰 눈인 겹눈은 6,500개 이상의 작은 렌즈(낱눈)로 이루어져 있어서 먼 거리의 색깔과 움직임을 감지하는데 뛰어나다.

작은 눈인 홑눈은 머리 윗부분에 위치하고 가까운 거리의 물체와 빛의 세기와 방향을 감지해 낮과 밤을 구별할 수 있다.

꿀벌의 눈은 세상을 다르게 보는 특별한 능력이 있다

❷ 꿀벌의 색 구별

꿀벌은 모든 색을 구별하지 못한다. 사람과 다르게 빨간색이 검은색처럼 보이므로 적색을 보지 못한다.

하지만 자외선을 볼 수 있어서 꿀벌은 꽃이 인간이 볼 수 없는 특별한 모양으로 보인다.

꽃들은 꿀벌을 유인하기 위해 자외선 무늬를 만드는 경우가 많다.
꿀벌이 가장 좋아하는 색은 노란색, 파란색, 자외선 반응이 있는 색을 좋아하여 해바라기, 라벤더, 민들레 같은 꽃을 선호한다.

❷ 꿀벌의 후각

꿀벌의 후각기관은 더듬이의 편절 끝에서 8절까지 그리고 입틀 주변에 분포되어 있다.

❶ 꿀벌은 냄새로 소통

꿀벌은 후각이 뛰어나 냄새로 서로 소통을 한다. 꿀벌이 페로몬을 통해 동료와 소통하고, 특정 꽃의 향기를 기억하는 능력이 있다. 꿀벌의 후각은 개보다 뛰어난 수준이다.

❷ 꿀벌의 후각 감지기

꿀벌은 코가 없는데 어떻게 냄새를 맡을까 하고 사람들은 궁금해한다. 꿀벌은 더듬이에 5,000개 이상의 후각 감지기가 있어 냄새를 맡아 꽃, 여왕벌, 동료 벌, 위험 신호 등을 구별한다.

❸ 꿀벌은 냄새로 감정을 표현

꿀벌은 위험을 느끼면 '공격 페로몬'(바나나 냄새 같은 향)을 분비하여 동료들에게 경고하고 여왕벌은 특유의 '여왕벌 페로몬'을 내뿜어 일벌들이 자신을 따르게 하고 있다. 일벌들은 서로 냄새를 맡으며 친구를 구별하며 감정을 표현한다.

❹ 꿀벌은 꽃의 향기도 기억

꿀벌은 어떤 꽃이 꿀이 많은지 냄새로 기억하고 다시 찾아갈 수 있으며 향이 강한 꽃에 더 많이 찾아가는 등 꽃의 향기를 기억한다.

3 꿀벌의 촉각

꿀벌의 더듬이는 초정밀 감각기로 온도, 습도, 바람의 변화까지 감지를 할 수 있다. 벌집 온도를 맞추기 위해 꿀벌은 온도 변화를 감지하고 조절할 수 있으며, 꿀벌끼리 만날 때 더듬이를 부딪치며 인사하고 정보를 교환한다.

더듬이는 밑 마디(병절)와 채찍마디(편절)로 이루어져 자유로이 움직일 수 있다. 채찍마디 수는 여왕벌과 일벌은 10개, 수벌은 11개로 냄새, 유인 물질, 접촉, 자극을 탐지하는 기능을 가진 여러 가지 형태의 감각 수용체를 지니고 있다.

꿀벌은 발바닥에도 특별한 능력이 있다. 발바닥에 미세한 털이 있어서 꽃가루를 모을 때 사용하며 정전기를 이용하여 꽃에 있는 꽃가루를 더 잘 붙잡을 수 있다.

4 꿀벌의 미각

꿀벌은 미각이 잘 발달하여 단맛, 짠맛, 신맛, 쓴맛을 구별할 수 있다. 미각기관은 입틀 주변, 피모, 더듬이 말단부위, 다리의 발목마디, 돌출감각기에 분포된 감각모에서 감지된다.

5 꿀벌의 청각

꿀벌은 소리만을 감지할 수 있는 청각기관은 없다. 체표의 감각모 진동에 의해 감지한다고 알려져 왔으나 꿀벌의 듣는 소리는 공기 입자 움직임에 의해 발생한다. 존스톤(Johnston)이라는 더듬이 기저부에 있는 털이 소리의 수용기관이다.

꿀벌의 춤 언어

2. 꿀벌의 춤 언어

꿀벌은 춤으로 소통 대화를 한다. 꿀벌은 말은 할 수 없지만 스스로 춤을 춰서 정보를 전달한다. 춤을 춰서 꽃이 있는 방향, 거리, 품질을 동료들에게 알려주는 특별한 능력이 있다.

독일 과학자 칼 폰 프리슈(Karl von Frisch)는 꿀벌이 춤으로 의사소통 한다는 사실을 밝혀 1973년 노벨 생리의학상을 받았다.

꿀벌은 원형 춤과 8자 춤으로 정보를 전달한다

1 꿀벌의 춤 종류

❶ 원형 춤(Round Dance)

꿀벌의 원형 춤은 가까운 곳에 좋은 꽃이 있다는 춤이며, 대개 꽃이 벌집에서 100m 이내에 있을 때 사용한다. 원을 단순하게 빙빙 돌며 춤을 춰서 신호를 보내는 춤이다.

❷ 8자 춤 (Waggle Dance)

꿀벌의 8자 춤은 꽃이 멀리 있다고 위치를 알려주는 춤이며 꽃이 100m 이상 떨어져 있을 때 사용한다. 꿀벌의 8자 춤은 몸을 흔들면서 8자 모양을 그리며 춤을 춘다.

❷ 춤으로 정보를 전달

춤의 방향은 해를 기준으로 꽃이 있는 방향을 나타낸다. 춤의 속도를 통해 빠르게 흔들면 꽃이 가까이에 있고, 천천히 흔들면 꽃이 멀리 있음을 알 수 있다. 흔드는 정도에 따라 강하게 흔들면 더 좋은 꽃이 있다는 의미이다.

❶ 꿀벌의 춤 언어 연구

칼 폰 프리슈(Karl von Frisch)는 1940년대 꿀벌의 춤이 단순한 움직임이 아니라 의미 있는 언어라는 사실을 밝혀내었다.

가) 실험 방법

꿀벌이 특정 장소에서 먹이를 찾도록 유도한다. 먹이를 발견한 꿀벌이 벌집으로 돌아와 동료들에게 춤을 추는 모습을 관찰한다. 다른 꿀벌들이 춤을 보고 같은 방향으로 날아가는지 확인한다.

나) 실험 결과

꿀벌은 단순히 날아가서 먹이를 가져오는 것이 아니라 춤을 통해 위치 정보를 전달하였다. 또한 춤의 진동 횟수로 거리를, 춤의 방향으로 이동 경로를 표시하였다.

다) 실험 결론

꿀벌의 춤은 단순한 움직임이 아니라, 먹이의 위치와 방향을 동료들에게 전달하는 꿀벌만의 언어라는 것을 알 수 있었다.

꿀벌의 춤 언어는 다른 벌들로부터 학습을 통해 배운다

❷ 꿀벌은 춤 언어를 어떻게 배우는지 실험

과학자들은 꿀벌이 선천적으로 춤을 출 수 있는지, 아니면 학습을 통해 익히는지 실험을 진행하였다.

가) 실험 방법

꿀벌이 태어난 지 얼마 안 된 어린 꿀벌들을 기존 벌집에서 분리하여 새로운 환경에서 키운다. 기존 꿀벌들과 접촉 없이 먹이를 찾도록 하는지와 이 꿀벌들이 벌집으로 돌아와 춤을 추는지 확인하였다.

나) 실험 결과

기존 꿀벌과 접촉할 때는 정상적으로 8자 춤을 추며, 기존 꿀벌과 접촉하지 않을 때는 엉뚱한 방향으로 춤을 추거나 올바른 정보를 전달하지 못하였다.

다) 실험 결론

꿀벌의 춤은 선천적인 능력이 아니라, 다른 벌들로부터 학습을 통해 익히는 것을 알 수 있었다.

기억력 좋은 꿀벌

3. 기억력 좋은 꿀벌

꿀벌은 기억력이 좋아 사람 얼굴도 기억한다. 꿀벌이 색상을 기호로 인식하여 덧셈과 뺄셈을 학습하고 인간처럼 단기 기억과 장기 기억을 활용하여 기본적인 산술 연산을 수행할 수 있으며, 복잡한 정보를 저장할 수 있다.

1 똑똑한 꿀벌

꿀벌은 머리가 작지만 똑똑하다. 꿀벌은 단순한 곤충이 아니라, '학습'과 '기억'을 할 수 있다. 특정한 색, 냄새, 모양을 기억하고 다시 찾아갈 수 있는 특별한 능력을 가지고 있다.

2 꿀벌은 사람 얼굴도 구별

꿀벌에게 사람 얼굴 사진을 보여주고, 보여준 얼굴 사진에 꿀을 놓는 실험을 하였다. 꿀벌들은 꿀이 놓아진 보상받은 얼굴을 기억하고 다시 찾아가는 것을 확인하였다. 이러한 과학 실험 연구 결과, 꿀벌은 얼굴의 모양과 구조를 기억할 수 있음이 확인되었다.

꿀벌의 기억력이 중요한 이유는 꽃이 어디 있는지, 어떤 꽃이 더 많은 꿀을 제공하는지 기억하고 다시 찾아간다.

또한 벌집의 동료들을 냄새와 형태로 기억하고 구별할 수 있다. 또한 포식자(말벌, 개미 등)를 기억하고 꿀벌 스스로 포식자를 경계하기도 한다.

꿀벌은 오감, 춤으로 의사소통, 기억력 등의 특별한 능력 소유

꿀벌의 특별한 능력에는 꿀벌의 오감이 있다. 5개의 눈으로 세상을 보고 자외선을 감지하고 5,000개 이상의 후각 감각기로 꽃, 동료, 위험을 구별하고 촉각이 발달하여 꿀벌의 더듬이와 발바닥으로 온도, 습도, 정전기를 감지한다. 꿀벌은 단순한 곤충이 아니다.

작은 몸을 가졌지만, 꿀벌은 뛰어난 감각, 정교한 의사소통, 놀라운 기억력을 가진 곤충이다. 꿀벌은 단순히 꿀을 모으는 존재가 아니라, 자연과 소통하며 살아가는 지능적인 생명체이다.

4. 꿀벌의 뛰어난 방향 감각

꿀벌은 단순한 곤충이 아니라, 고도로 발달한 감각과 놀라운 능력을 갖추고 있다.

그중에서도 꿀벌의 귀소 본능과 댄스 언어는 흥미로운 연구 주제이다. 꿀벌이 어떻게 집을 찾아오고, 어떻게 춤을 통해 정보를 전달하는지 재미있는 사례들과 함께 자세하게 살펴보겠다.

1 꿀벌의 귀소 본능과 뛰어난 방향 감각

꿀벌은 귀소 본능이 있어서 길을 잃지 않는다. 여기에 꿀벌의 놀라운 방향 감각이 있다. 우리는 가끔 낯선 곳에서 길을 잃지만, 꿀벌은 자신이 떠나온 벌집을 정확하게 찾아오는 능력이 있다.

꿀벌이 길을 찾는 방법은 태양을 나침반처럼 사용하고 자외선을 감지하여 방향을 설정한다. 냄새를 이용하여 벌집을 찾고 지형을 기억하여 길을 찾는다. 꿀벌은 여러 가지 감각을 동원해 집으로 돌아오지만, 때로는 예상치 못한 상황에서 길을 잃기도 한다.

2 꿀벌의 귀소 본능·방향 감각 실험

❶ 꿀벌은 태양을 이용해 길을 찾는 실험

독일의 과학자 칼 폰 프리슈(Karl von Frisch)는 꿀벌의 방향 감각을 연구하기 위해 다음과 같은 실험을 했다.

가) 실험 방법

꿀벌에게 먹이가 있는 장소를 알려준 뒤, 그곳으로 가는 경로를 관찰하였다. 구름이 많은 날과 맑은 날 꿀벌의 행동을 비교해 보았다. 인공 태양(거울을 이용한 빛 반사)을 이용해 태양의 위치를 바꾸었을 때 꿀벌이 어떻게 반응하는지 확인하였다.

나) 실험 결과

맑은 날 꿀벌은 태양을 기준으로 정확하게 길을 찾았고, 흐린 날은 꿀벌은 자외선을 감지하여 길을 찾았다. 인공 태양을 이용해 태양의 위치를 바꾸면 꿀벌은 이에 맞춰 새로운 방향을 설정하였다.

다) 실험 결론

꿀벌은 태양의 위치를 기준으로 방향을 설정하며, 심지어 태양이 움직이는 속도까지 계산할 수 있다는 것을 알 수 있었다.

❷ 꿀벌도 길을 잃을 수 있는지 확인 실험

꿀벌이 특정 조건에서 길을 잃는지 확인하기 위해 실험을 진행하였다.

가) 실험 방법

꿀벌을 특정 장소에서 먹이를 주며 훈련을 시킨다. 이후 꿀벌을 완전히 다른 장소로 옮긴 후, 원래의 벌집을 찾을 수 있는지 확인하였다.

나) 실험 결과

꿀벌은 거리가 짧은 경우에는 냄새와 지형을 이용해 집을 찾았다. 멀리 떨어진 곳에 두었을 때는 태양의 위치를 참고해 이동했지만, 태양이 보이지 않거나 강한 전자기장이 있는 경우에는 길을 잃는 사례가 관찰되었다.

다) 실험 결론

꿀벌도 특정 조건에서는 길을 잃을 수 있지만, 대부분은 태양과 지형, 냄새를 이용해 집으로 돌아온다.

꿀벌은 단순한 곤충이 아니라 길을 찾아오고, 춤을 추며 동료와 소통하는 놀라운 존재이다.

3장
자연 속에서 꿀벌이 하는 일

약 3천만 년 전 꿀이 필요한 꿀벌과 척박한 땅에서 새로운 생명을 맺기 위해 꽃가루 운반이 꼭 필요한 꽃, 꿀벌과 꽃은 이렇게 서로 필요한 존재로 만났다.

꽃에 가루받이를 받아주는 대가로 꽃꿀과 꽃가루를 선물 받은 꿀벌은 귀중한 식량을 얻고 지키기 위해 엄격한 조직사회를 유지해야만 했다.

지구상 어떠한 곤충보다 꿀벌은 우리에게 많은 것을 주고 있으며 함께 살아가는 꼭 필요한 존재이다. 80만 종이 넘는 지구의 곤충 중 우리 인간에게 먹을 것을 내주는 꿀벌은 자연 속에서 많은 일을 하고 있다.

세계식량농업기구(FAO) 등은 인류의 식량 중에 주로 소비되는 농작물의 품종 중 약 71%가 꿀벌의 화분 매개를 통해 생산되고 있어, 꿀벌이 인류의 식량 공급에 크게 기여하고 있다고 한다.

꿀벌은 인류의 식량 공급에 크게 기여

꿀벌은 꽃가루받이(수분, 受粉) 과정에서 중요한 역할을 하며, 이는 농작물 수확량과 생태계의 균형에 직접적인 영향을 미친다. 그렇다면 꿀벌이 자연에서 하는 일이 무엇인지 자세히 살펴보겠다.

~ 꽃가루받이의 달인, 꿀벌 ~

1. 꽃가루받이의 달인, 꿀벌

1 꽃가루받이란?

꽃가루받이(수분)는 식물이 번식하는 과정에서 중요한 단계로, 꽃의 수술(꽃가루가 있는 부분)에서 암술(씨방이 있는 부분)로 꽃가루가 이동하는 과정이다. 이 과정이 성공적으로 이루어져야 식물이 열매를 맺고 씨앗을 남길 수 있다.

꿀벌의 수분 매개를 살펴보면 꿀벌이 꽃을 방문할 때 몸에 꽃가루가 묻게 되고 이 상태에서 다른 꽃으로 이동할 때 꽃가루를 옮겨주면서 수정을 도와준다. 이 과정을 거치면서 우리가 식탁에서 먹는 과일과 채소 즉, 사과, 딸기, 토마토, 수박, 아몬드, 커피 등을 수확하게 된다.

2 꿀벌이 꽃가루받이를 잘하는 이유

꿀벌의 몸에는 미세한 털이 많아서 꽃가루가 잘 붙는다. 이러한 유자모(Branched setae)는 꽃가루를 모으고 다른 꽃으로 옮기는 역할을 한다.

하루에도 수백 송이 이상의 꽃을 방문하며 꽃가루를 퍼뜨린다. 꿀벌은 한 번 선택한 꽃을 계속 방문하는 성향(꽃 충실성, flower constancy)이 있어 같은 종의 꽃가루를 효과적으로 전달한다.

3 꽃가루받이를 도와주는 꿀벌의 행동

일벌의 뒷다리는 여왕벌·수벌에 비하여 꽃가루 수집 장치가 잘 발달되어 있다. 일벌 뒷다리 종아리마디 바깥쪽에 '꽃가루 통(Pollen-basket)'이라고 불리는 기관과 종아리마디 끝부분 한쪽의 '꽃가루 갈퀴', 기본 발목마디 윗부분에 '꽃가루 압축기(Auricle)'가 있어 꽃가루를 모아 운반할 수 있다.

꿀벌은 꽃의 구조에 맞는 채집 방법을 활용하여 혀를 사용해 꿀을 빨거나, 몸을 깊숙이 밀어 넣어 꽃가루를 묻게 한다.

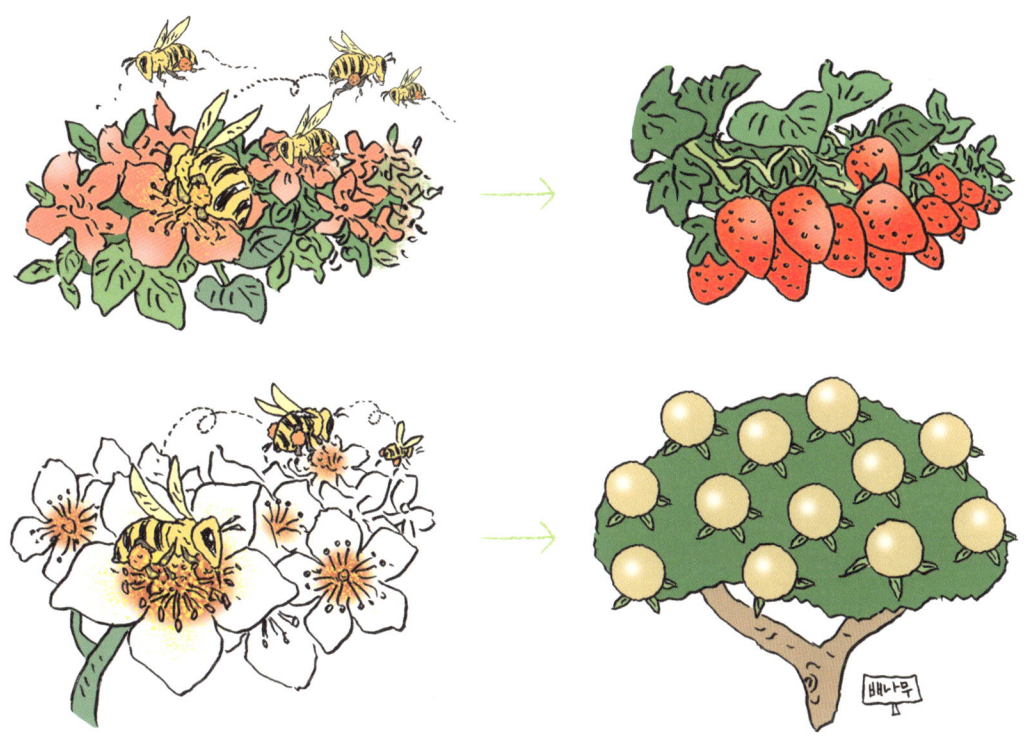

농작물 수확량을 늘리는 꿀벌

2. 농작물 수확량을 늘리는 꿀벌

1 꿀벌과 농업의 관계

꿀벌이 수분 매개를 하면 농작물의 결실률(열매를 맺는 비율)이 증가한다. 이 때문에 전 세계적으로 농업 생산성을 높이기 위해 꿀벌을 이용한 수분(受粉) 서비스를 적극 활용하고 있다.

꿀벌의 도움을 받는 주요 작물로는 과일(사과, 배, 체리, 딸기, 블루베리, 수박), 견과류(아몬드, 마카다미아), 채소(오이, 호박, 토마토, 가지), 커피, 카카오(초콜릿 원료), 유채(식용유 원료) 등이다.
꿀벌이 수분을 돕는 덕분에 이러한 작물의 생산성이 높아지고 품질이 개선된다.

2 꿀벌의 수분이 농작물에 미치는 영향

꿀벌에 의한 수분율이 높아지면 과일과 곡식의 생산량이 증가한다. 또한 수분이 잘 이루어진 과일은 크기가 크고 모양이 고르며, 당도가 높은 고품질의 과일이 생산된다.

세계 농업에서 꿀벌의 경제적 가치는 연간 약 2,350억 달러로 농업 경제에 긍정적인 영향을 준다고 하며, 2022년 한국응용곤충학회 학술 발표에 따르면 우리나라 꿀벌의 경제적 가치가 6조 7,000억 원으로 추정된다고 한다.

꿀벌의 경제적 가치가 6조 7,000억 원으로 추정

3 꿀벌 수분 서비스를 활용하는 사례

미국 캘리포니아의 농가를 비롯한 세계 많은 나라에서 꿀벌을 대여해 수분율을 높이는 '벌 대여 서비스'를 운영하고 있다. 유럽의 사과 농장은 인공 수분보다 꿀벌을 이용한 자연 수분이 훨씬 효과적이라는 연구 결과도 있다.

우리나라에서도 꿀벌을 이용하여 수분을 하게 되면 과일의 크기와 당도가 향상되어, 딸기를 비롯한 참외, 수박 등 많은 시설하우스 재배 농가에서 꿀벌을 대여하여 수분에 이용하고 있다.

~ 꿀벌이 사라지면 어떤 일이 벌어질까? ~

3. 꿀벌이 사라지면 어떤 일이 벌어질까?

최근 환경 변화 등으로 인해 꿀벌의 개체 수가 줄어들고 있다. 꿀벌 개체 수가 감소하면 자연과 인간에게 심각한 영향을 미친다.

1 식량 위기 발생

미국에서는 꿀벌 개체 수가 감소하면서 아몬드와 블루베리의 생산량이 줄어들고 가격이 상승하였다. 과일과 채소의 생산량이 감소하고 초콜릿·커피·견과류 등 꿀벌이 필요한 작물의 가격이 상승하기도 하고, 농업 생산량 감소로 인한 식량 불균형을 초래하기도 한다.

2 생태계 붕괴 위험

다양한 식물이 번식하지 못하면 초식 동물의 먹이 부족으로 동물 개체 수 감소로 이어져 생태계 균형이 깨질 우려가 있다.

즉 꿀벌이 사라지면 꽃을 매개로 하는 식물들의 개체 수가 줄어들고, 이는 식물을 먹는 초식 동물과 육식 동물까지 영향을 미쳐 결국 생태계 전체가 불안정해질 수 있다.

3 인간이 꿀벌의 역할을 대신할 수 있을까?

일부 지역에서는 인공 수분을 시도하고 있지만 효율성과 경제성이 매우 낮게 나타났다.

❶ 농부들의 붓을 이용한 수분

꿀벌 개체 수가 줄어든 지역에서 농부들이 붓을 이용하여 직접 수분을 하였지만 노동력과 비용이 너무 많이 들어 비효율적이었다는 보고가 있다.

이처럼 인간이 꿀벌의 역할을 대신할 수 있을지에 대한 논의는 여러 연구와 사례를 통해 이루어지고 있다. 특히, 꿀벌 개체 수가 줄어든 지역에서 인공 수분을 시도한 사례 중 하나로 중국 쓰촨성의 사례가 자주 언급된다. 이 사례는 꿀벌의 역할을 인간이 대신하는 것이 얼마나 어려운지 보여준다.

중국 쓰촨성에서는 농약 사용, 환경 변화, 질병 등 여러 요인으로 인해 꿀벌 개체 수가 크게 줄어들었다.

농부들은 꿀벌이 사라지자 인공 수분을 시도했으며, 붓이나 깃털을 이용해 꽃가루를 옮기는 방식으로 수분을 했다. 이러한 방법은 노동 집약적이며, 많은 시간이 소요되었으며, 자연적인 꿀벌 수분에 비해 효율성과 경제성이 매우 낮게 나타났다. 즉, 다음과 같은 문제점들이다.

첫째, 인공 수분은 많은 인력이 필요하다. 농부들이 일일이 꽃을 수분하는 데 많은 시간이 걸리며, 이는 인건비 증가로 이어진다.

둘째, 꿀벌은 하루에 수천 송이의 꽃을 수분할 수 있지만, 인간이 이를 대신하는 것은 매우 비효율적이다. 인간의 수분 작업은 꿀벌에 비해 훨씬 적은 양의 꽃을 수분할 수 있다.

셋째, 인공 수분에 필요한 도구와 인건비는 농부들에게 큰 부담이 된다. 이는 농작물 생산 비용을 증가시키고, 경제성을 떨어뜨린다.

따라서 꿀벌들의 역할을 인간이 완전히 대체하는 것은 현실적으로 불가능에 가깝다. 그러므로 꿀벌 보호와 개체 수 회복을 위한 노력이 필요하다.

꿀벌의 역할을 인간이 대신하기 위한 노력

❷ 드론을 이용한 인공 수분 실험

인공 수분을 시도하는 일부 연구에서는 드론을 활용해 꽃가루를 나르는 실험을 진행 중이다.

드론은 초기에 군사목적으로 개발되었지만 최근 다양한 산업에서 사용되고 있다. 드론은 주로 촬영, 물류, 농업, 건설, 환경 모니터링 등 다양한 분야에서 활용되고 있다. 특히 인공지능(AI)기술이 발달하면서 더욱 정교하고 효율적으로 운영이 가능해지고 있다.

여러 분야의 신기술과 접목되어 활용되고 있는 것 중 스마트 팜, 정밀 방제, AI기반 수확 예측 등에 농업용 드론이 사용된다. 또한 꿀벌을 대신하는 드론의 이용 연구도 있으나, 자연 꿀벌의 효율성을 따라가기 어려운 실정이다.

이처럼 꿀벌은 자연 생태계에서 핵심적인 역할을 하며, 인간의 식량 생산에도 큰 영향을 미친다. 특히 기후변화에 민감한 꿀벌의 집단 실종 현상은 생물 다양성의 위기와 직결되며, 생태계 보호에 중요한 역할을 담당하는 꿀벌의 가치를 다시금 생각하게 한다.

꿀벌이 사라지면 생태계뿐만 아니라 우리의 식탁까지 위협받게 된다. 따라서 우리는 꿀벌을 보호하는 다양한 방법을 실천해야 할 것이다.

4장
우리가 먹는 벌꿀

아침에 일찍 일어난 꿀벌은 아직 문도 열지 않은 꽃잎에서 배고픔을 참지 못해 달콤한 꿀을 챙기기에 바쁘다. 지구상의 많은 곤충 중 우리 인간에게 먹을 것을 내주는 대표적인 곤충은 꿀벌이다.

꿀을 사랑하는 지구상 사람들과 꿀벌

역사 이전부터 꿀을 먹기 시작했던 사람은 꿀을 식품과 의약품으로 사용하였다. 꿀벌은 지구상의 어떠한 곤충보다 우리에게 많은 것을 주고 있으며 함께 살아가야 하는 꼭 필요한 존재이다.

우리나라에는 서양 꿀벌과 재래종 꿀벌(토종벌) 두 종류가 있다. 서양 꿀벌과 재래종 꿀벌은 꿀벌 특유의 생활 습성은 비슷하다.

꿀벌을 기르는(양봉)데 이용되는 벌의 집은 단단한 구조로 설계되어 있다. 네모난 상자 속에 8개에서 10개 정도 직사각형의 나무틀이 들어있어 이곳에서 꿀이 모이고 저장된다.

우리가 먹는 벌꿀(蜂蜜, Honey)은 일벌이 꽃의 꿀샘(꽃의 꿀이 나오는 곳)에서 꽃꿀(화밀)을 혀로 묻혀들이고, 벌집으로 돌아와 꿀을 다른 일벌들에게 전달하고, 꿀벌들이 꿀을 되내이며 섞으면서 수분을 날려 완성된 꿀은 벌집에 저장하고 밀랍으로 봉하면 우리가 먹을 수 있는 숙성된 천연 감미료인 벌꿀이 된다.

벌꿀은 반투명하고 광택이 있는 농밀한 액체이며 색깔은 흰색, 옅은 노란색, 주황색 또는 갈색을 나타내는 천연 물질로 탄수화물, 물, 소량의 단백질, 비타민, 광물질, 페놀 화합물 및 기타 미량 성분으로 구성된다. 꿀은 항산화 능력을 증가시키고, 면역 체계를 조절하고, 혈당을 낮추며, 고지혈증을 완화시키기도 한다.

자연 숙성된 꿀은 영양학적으로 더 뛰어나며, 일부 꿀의 결정화는 계절에 따른 꽃의 종류에 따라 생기는 현상이다. 천연 꿀에서 결정된 부분은 설탕이 아닌 벌꿀에 함유된 포도당으로 관목류(조팝나무, 개나리, 철쭉류 등)나 초본류(구절초, 패랭이, 맥문동 등)에서 생산되는 벌꿀의 포도당 함량이 높아 결정을 되기도 한다.

꿀벌이 꿀을 만드는 이유는 겨울 동안 먹을 식량을 저장하고 여왕벌과 애벌레를 키우기 위해 꿀을 만든다.

벌꿀의 종류는 채집하는 꽃의 종류, 생산 방식, 가공 여부 등에 따라 다양한 맛과 특징을 가진다. 아까시꿀, 밤꿀, 야생화꿀 같은 일반적인 꿀 외에도 마누카꿀, 크림 꿀, 프로폴리스 함유 꿀처럼 기능성 있는 꿀도 있다.

한편 국내에서는 일부 꽃이 피지 않는 겨울 동안 꿀벌에게 영양을 공급하기 위해 설탕물이 사용되며, 꿀벌을 설탕으로 사양한 후 채밀·숙성시킨 '사양꿀'이 있다. 우리가 먹는 벌꿀의 종류를 채집하는 꽃의 종류, 생산 방식, 가공 여부 등에 따라 상세히 알아보기로 한다.

꽃의 종류에 따른 벌꿀

1. 꽃의 종류에 따른 벌꿀 분류

꿀벌이 어떤 꽃에서 꿀을 채집했느지에 따라 꿀의 색, 맛, 향, 영양 성분이 달라진다. 우리가 주로 먹는 꿀의 채집 시기도 수종에 따라 개화 시기가 달라 아까시꿀(5월~6월), 밤꿀(5월~6월), 잡화꿀(7월~8월), 벚꽃꿀(3월~4월)은 이 시기에 주로 채밀하는 것으로 관측이 되고 있다.

1 아까시꿀 (Acacia Honey)

우리가 예전부터 알고 있던 '아카시아꿀'은 정확한 용어로 '아까시꿀'이다.

우리나라 사람들이 가장 선호하는 '아까시꿀'은 북아메리카가 원산지인 콩목 콩과에 속하는 낙엽활엽수 아까시나무(Black locust, Robinia pseudoacacia)가 밀원이다. 오스트레일리아, 아프리카, 남미가 원산지인 아카시아(Acasia)와는 다른 식물이다.

농촌진흥청에서는 그동안 '아카시아꿀'로 잘못 알려져 있던 것을 바로 잡기 위해 2024년 농림축산식품부, 양봉협동조합과 '아까시꿀'로 바로 잡아 소비자들이 혼돈되지 않도록 하였다.

'아카시아꿀'은 정확한 용어로 '아까시꿀'이다. 아까시나무꽃은 하얀 꽃잎을 가진 아름다운 꽃으로 5~6월에 만개한다. 아까시꿀은 국내 벌꿀 생산량의 약 70%를 차지할 정도로 가장 대중적인 꿀로, 맑고 투명하며 연한 금색을 띤다. 아까시꿀은 맛이 부드럽고 달콤하며 꽃향기가 은은하게 퍼진다.

주요 성분은 포도당보다 과당 함량이 높아 결정화(설탕처럼 굳는 현상)가 느리게 나타나며 차, 요리, 디저트 등에 다양하게 활용된다.

 밤꿀 (Chestnut Honey)

밤꽃은 크고 고운 흰색 꽃을 자랑하는 나무에서 꿀을 채집한다. 밤꿀은 아까시꿀 채취 이후인 5월 말부터 가을철까지 생산되며, 진한 갈색의 독특한 쌉싸름한 맛과 밤꽃 특유의 진한 향을 가지고 있다.

밤꿀의 주요 성분은 항산화 물질이 풍부하고 면역력 강화 효과가 있어 건강식으로 직접 섭취하거나 요리에 활용되고 있다.

국내에서 생산되는 벌꿀의 품질은 밀원에 따라 차별화되며, 특히 밤꿀이 높은 폴리페놀 함량과 항산화 활성을 지니고 있다.

3 잡화꿀 (Multifloral Honey)

잡화꿀은 일명 야생화꿀이라고 한다. 여러 종류의 들꽃에서 채집한 꿀로 지역과 계절에 따라 맛과 색이 다르다.
맛과 향은 꽃의 종류에 따라 다양하지만, 일반적으로 달콤하고 풍부한 향을 가지고 있다. 주요 성분은 다양한 영양소가 포함되어 있으며 만능 꿀로 차, 요리, 제빵 등에 사용되고 있다.

4 유채꿀 (Rapeseed Honey)

유채꿀은 연한 노란색을 띠며 다른 꿀보다 빠르게 결정화된다. 맛과 향은 부드러운 단맛과 은은한 꽃 향이 있다. 주요 성분은 단백질과 비타민이 많아 영양가가 높아서 덧바름(spread; 빵에 바르는 용도)으로 많이 사용된다.

5 메밀꿀 (Buckwheat Honey)

메밀꿀은 검은색에 가까운 짙은 색을 띠며 강한 향과 독특한 맛이 있다. 맛과 향은 진한 감초 향과 쓴맛이 있다. 주요 성분은 철분, 항산화 성분이 풍부하여 면역력 증진 효과가 있어서 건강식이나 약용 목적으로 많이 사용된다.

6 벚꽃꿀(Cherry blossom Honey)

벚꽃은 봄의 상징적인 꽃으로, 벚꽃꿀은 연한 핑크색 또는 연한 황금색을 띠며 벚꽃이 만개한 나무 아래에서 꿀벌들이 꿀을 채집한다. 벚꽃꿀은 꽃의 향기와 상큼한 맛이 특징이다.

최근 꿀샘식물(밀원수)로 벚나무가 주목받고 있으며, 농촌진흥청 연구에 따르면 벚꽃꿀이 3대 필수 영양소와 아미노산, 무기질 등 영양 성분이 풍부하다고 한다. 벚꽃꿀에는 항산화 물질인 플라보노이드와 페놀성 화합물, 포도당·과당 같은 전화당 함량은 약 70%로 포도당 함량이 상대적으로 높아 피로해소에 효과적이다.

벚꽃꿀에는 총 16종의 아미노산이 들어 있고 상처 치유에 도움이 되는 프롤린이 많다. 무기물 중에서는 나트륨 배출과 혈압 유지를 돕는 칼륨 함량이 높고 식물에서 유래하는 유용 성분인 페놀성 화합물, 플라보노이드가 풍부하다.

야생화꿀은 다양한 꽃에서 꿀을 채집하여 만들어진 꿀

7 야생화꿀 (Wildflower Honey)

야생화꿀은 다양한 꽃에서 꿀을 채집하여 만들어진 꿀로, '잡화꿀'이라고도 한다. 색상이 꽃마다 달라지며 꿀은 혼합된 색을 나타내고, 매년 맛과 향이 다를 수 있다. 즉 지역과 계절에 따라 맛과 향, 성분이 달라질 수 있어 개성이 강한 꿀로 알려져 있다.

야생화꿀은 다양한 꽃에서 채밀되므로 항산화 성분이 풍부하고, 다양한 음식과 요리에 활용할 수 있어 건강에도 좋은 천연 감미료이다.

❶ 특징

야생화꿀은 다양한 꽃에서 채밀되는데 산야초, 들꽃, 과수원, 잡목림 등에서 자라는 꽃들이다.

생산 지역과 시기에 따라 맛과 향이 달라서 같은 지역에서 생산되더라도 해마다 미묘한 차이가 있고, 색상이 밝은 황금색에서 진한 갈색까지 다양하며 일정하지 않다.

❷ 맛과 향

야생화꿀의 맛과 향은 진한 감초 향과 단맛과 쓴맛이 있으며, 은은한 신맛 등이 복합적으로 어우러져 난다. 꽃의 종류에 따라 향이 다르며 아까시꿀처럼 가벼운 향을 가지기도 하고, 밤꿀처럼 강한 향을 내기도 한다.

❸ 주요 성분

야생화꿀의 성분은 꽃의 종류에 따라 다르지만, 당류는 포도당(Glucose) 30~35%, 과당(Fructose) 35~40%, 자당(Sucrose) 1~3%, 말토스(Maltose) 및 기타 다당류로 구성되어 있다. 비타민 및 미네랄은 비타민 C, B군, 칼슘(Ca), 칼륨(K), 마그네슘(Mg), 철분(Fe) 등이다.

항산화 성분으로 폴리페놀(Polyphenol)·플라보노이드(Flavonoid)가 있으며, 꿀의 색이 진할수록 항산화 성분이 풍부한 경향이 있다. 유기산으로 구연산, 초산, 포름산 등이 포함되어 있어 미묘한 신맛을 낸다.

봄철 야생화꿀은 유채, 아까시나무, 살구나무 등의 꽃에서 채밀되어 부드럽고 달콤한 맛이 강하다. 여름철 야생화꿀은 밤꽃, 피나무, 메밀 등에서 채밀되며 향이 짙고, 살짝 쌉싸름한 맛을 가진다. 가을철 야생화꿀은 국화과 식물, 메밀 등에서 채집되어 깊고 진한 맛을 낸다.

❹ 활용

야생화꿀은 일반적으로 차(허브티·레몬차·생강차 등)에 넣어 감미료로 사용된다. 팬케이크, 토스트 등에 곁들여 자연스러운 단맛을 낼 때 추가하며 샐러드드레싱으로 활용된다.

야생화꿀은 건강 및 약용으로 목이 아플 때 따뜻한 물에 타서 섭취하면 항균 작용과 에너지 보충제 역할을 한다. 또한 폴리페놀 성분이 많아 항산화 효과로 면역력 강화에 도움이 된다.

요리에는 고기 요리의 연육제(육질을 부드럽게 함), 한식 요리에서 조림·무침 등에 사용된다.

❺ 야생화꿀 선택 및 보관 방법

자연산 야생화꿀은 점성이 높고 향이 깊다. 너무 묽거나 단맛이 강한 제품은 가공된 꿀일 가능성이 있다. 보관 방법은 서늘하고(15~25℃) 어두운 곳에서 밀봉하여 보관해야 품질이 유지된다. 결정화 현상으로 포도당 함량이 높은 경우 온도가 낮아지면 결정화되지만, 이는 자연스러운 현상이며 40℃ 이하에서 천천히 녹이면 원래 상태로 복원이 된다.

이 외에 국내에서는 대표적으로 피나무꿀, 감귤꿀, 대추꿀, 때죽꿀이 있다.

생산 방식에 따른 벌꿀 분류

2. 생산 방식에 따른 벌꿀 분류

1 자연 숙성 벌꿀 (Raw Honey)

자연 숙성 벌꿀은 꿀벌들이 자연 상태에서 꿀을 모은 후, 자연 그대로 신선함과 순수함으로 가공하지 않고 그대로 채취한 벌꿀로 색깔은 맑고 투명한 황금색을 띤다.

자연 숙성 벌꿀은 벌집에서 자연적으로 숙성된 꿀로 채밀(採蜜)하여 최소한의 여과만 거치며, 가열하지 않고, 자연 그대로의 상태로 병에 담은 꿀을 말한다. 자연 숙성 벌꿀은 꿀 속에 효소·비타민·미네랄·프로폴리스 성분이 풍부하게 남아 있으나, 보관 중 자연적으로 결정화될 가능성이 있지만 건강식으로 생으로 섭취하는 것이 좋은 벌꿀이다.

자연 숙성 벌꿀은 효소 · 비타민 · 미네랄 · 프로폴리스 성분이 풍부

2 농축 벌꿀 (Pasteurized Honey)

일명 가열 처리 꿀은 대량 생산을 위해 꿀에 열을 가하여 수분 함량을 줄여서 여과한 꿀이다. 가열하고 여과하는 과정에서 효소와 일부 영양소가 파괴되기도 하지만 색상이 조금 더 투명하고 밝은 금색을 띠며 결정화가 천천히 진행된다.

③ 크림 꿀 (Creamed Honey, Whipped Honey)

크림 꿀은 벌꿀을 일정한 온도에서 섞어 부드럽고 공기와 섞여 크림 같은 일관된 질감을 가진 꿀이다. 크림 꿀은 미세한 결정화 과정을 거쳐 크림처럼 부드러운 질감을 만든 꿀로 저온에서 천천히 결정화되며 크림 꿀은 마치 부드러운 버터처럼 보인다. 크림 꿀은 부드러워 빵에 바르기 쉽고 덧바름으로 사용하거나 디저트, 요리에 첨가한다.

④ 사양 벌꿀 (Sugar Honey)

❶ 사양 벌꿀 생산 과정

사양 벌꿀의 생산 과정은 꿀벌들이 겨울 동안 꽃이 피지 않아 자연적으로 꿀을 채집할 수 없기 때문에 꿀벌의 영양 공급을 위해 설탕물을 공급한다.

❷ 사양 벌꿀과 천연 꿀의 혼합

사양 벌꿀은 종종 천연 꿀과 혼합되거나, 사탕무 설탕이 포함되어 있어서 두 가지를 구분하기 어렵다. 천연 꿀은 더 맑고 투명하게 보이는 반면 사양 벌꿀은 색깔이 다소 흐리거나 더 불투명한 형태이다.

❸ 사양 벌꿀과 천연 꿀의 차이

사양 벌꿀은 설탕물을 먹으며 색깔이 좀 더 어두운 갈색을 띠거나, 때로는 물처럼 투명한 상태로 보인다. 천연 꿀은 자연에서 꽃을 채집하므로 그보다 좀 더 진하고 풍부한 색을 가질 수 있다.

사양 벌꿀은 기능학적 및 영양학적인 측면에서 천연 벌꿀과 비교하여 큰 차이가 있다. 하지만 외관상으로는 구분되지 않아 천연 벌꿀에 사양 벌꿀이 혼합되어 판매되는 등의 부정행위가 종종 발견되고 있어 천연 벌꿀에 대한 소비자의 신뢰도 저하의 원인이 되고 있다.

과학적 5가지 기준을 통한 고품질 천연 벌꿀 구분

과학적 5가지 기준을 통한 고품질 천연 벌꿀의 구분 방법이 적용되고 있다. 첫째, 탄소동위원소비는 벌꿀 속 탄수화물의 동위원소를 측정하여 구분하는 방법으로, -23.5‰ 이하가 천연 꿀 기준이며 사양 벌꿀의 경우 탄소값이 -10‰에서 -20‰로 쉽게 구분된다.

둘째, 수분 함량으로 꿀벌이 소화 과정에서 효소와 섞고 장시간 날갯짓으로 수분을 증발시키는 수분 함량 20% 이하일수록 숙성도가 높은 벌꿀이다.

셋째, 히드록시메틸푸르푸랄(HMF)은 열처리로 발생한 화합물로 수치가 낮을수록 신선 여부를 구분하며 3㎎/㎏ 이하를 천연 벌꿀로 본다.

넷째, 전화당 비율로 전화당은 꿀 속 포도당과 과당이 혼합된 물질이며 꿀의 숙성 과정을 반영, 전화당 60% 이상일 때 품질 좋은 꿀이다.

마지막으로 항생제, 농약, 살충제 등의 잔류물질 검사를 통과한 벌꿀이 고품질 천연 벌꿀로 판단한다.

~ 특별한 유형의 꿀 ~

3. 특별한 유형의 꿀

1 마누카꿀 (Manuka Honey)

마누카꿀은 뉴질랜드 마누카 나무의 꽃에서 채취한 꿀로, 항균 및 치료 특성으로 강력한 항균력을 가지고 있다. 활성 성분인 메틸글리옥살(MGO) 성분이 많아 항염 및 면역력 강화 효과가 뛰어나다.

마누카꿀은 독특한 풍미와 어두운 금색이나 갈색을 띠는 진한 색을 가지고 있다. 건강식품으로 인기가 많으며 감기 예방 및 위 건강에 도움이 된다.

마누카꿀은 UMF(Unique Manuka Factor) 수치로 품질을 평가하는데 UMF 10+ 이상이면 고품질의 꿀이다.

2 로열젤리 함유 꿀 (Royal Jelly Infused Honey)

로열젤리는 꿀벌들이 만들어 꿀벌 여왕이 먹는 특별한 젤리로, 꿀에 혼합될 때 특별한 영양 성분이 강화된다.

로열젤리 함유 꿀은 꿀벌의 로열젤리(여왕벌의 먹이) 성분이 포함된 꿀로 피부 미용·면역력 강화·노화 방지 효과가 있고 건강식품으로 소비된다.

③ 프로폴리스 함유 꿀(Propolis Infused Honey)

프로폴리스 함유 꿀은 벌이 나무 수액과 효소를 섞어 만든 항균 물질인 프로폴리스가 포함된 꿀로서 항산화, 항균 작용이 강해 감기 예방과 면역력 증진에 도움이 되며 건강 보조 식품으로 섭취되고 있다.

프로폴리스 함유 꿀의 병 속 꿀은 프로폴리스가 섞여 있어 색상에 조금 더 어두운 톤을 띠거나 텁텁한 질감을 보여준다.

벌꿀의 성분 · 효능 · 결정화 현상 · 보관

4. 벌꿀의 성분·효능 및 결정화 현상·보관

1 벌꿀의 성분·효능

벌꿀은 주로 당분, 물, 미네랄, 비타민, 효소, 아미노산 등 다양한 성분으로 이루어져 있다.

당류는 주로 포도당과 과당으로 구성되어 있어 빠른 에너지 공급원으로 작용한다. 비타민 및 미네랄은 비타민 C·칼슘·칼륨·철분 등 다양한 미량 영양소를 함유하고 있다. 항산화 물질은 폴리페놀과 같은 항산화 성분이 포함되어 있어 건강 증진에 도움이 된다.

벌꿀의 효능은 항균, 항염, 피로회복, 면역력 회복, 소화 촉진이다. 벌꿀은 포도당과 과당이 빠르게 흡수되어 에너지를 공급하여 피로회복에 도움이 되고, 항균 및 항산화 작용을 통해 면역 체계를 지원함으로써 면역력이 강화된다. 소화를 돕는 효소를 포함하고 있어 소화 기능 개선 및 소화 촉진이 잘되는 효능을 가지고 있다.

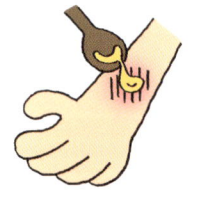

또한 벌꿀은 피부 미용과 상처 치유에 도움이 될 수 있다. 벌꿀에 포함된 단백질, 비타민 B 복합체, 판토텐산 등은 피부를 윤기 있고 건강하게 만드는 데 도움을 준다.

항산화 성분이 풍부해 피부 노화 방지에도 효과적이며, 피부 보습 효과가 뛰어난 성분들이 많아 건조할 때 피부 마스크로도 활용된다. 벌꿀은 자외선 차단 효과도 있어 피부 관리에 아주 유용하게 사용된다.

② 결정화 현상과 보관 방법

❶ 결정화 현상

벌꿀은 시간이 지나면서 자연스럽게 결정화가 발생하여 굳어지는 현상이 일어난다. 이는 꿀 속의 포도당이 결정화되면서 생기는 현상으로, 꿀의 품질에 영향을 미치지 않는다.

결정화란 꿀이 저온(15℃ 이하)에서 보관되면 포도당 성분이 응고되어 설탕처럼 굳는 현상이 발생한다. 결정화된 꿀은 변질된 것은 아니며, 따뜻한 물(40~50℃)에 중탕하면 원래 상태로 돌아간다.

결정화된 꿀은 변질된 것은 아니다

❷ 벌꿀 보관법

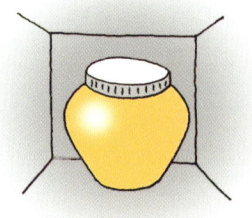

벌꿀은 자연적으로 보존력이 높지만, 적절한 보관 방법을 사용하면 장기간 신선하게 유지될 수 있다. 보관 시 온도와 습도에 따라 꿀의 상태가 달라질 수 있다.

벌꿀은 실온(15~25℃)에서 보관하고 너무 차갑거나 뜨거운 환경은 피하여 보관하는 것이 좋다.

직사광선을 피하고 밀폐 보관하여 가능한 꿀이 공기와 접촉하지 않도록 한다. 수분이 많은 경우 변질이 될 수 있다. 플라스틱보다는 유리병에 보관하면 꿀의 성분이 더 오래도록 보존되며, 신선한 상태를 유지하기 위해 꿀 병을 서늘하고 건조한 곳이나 어두운 찬장이나 보관용 서랍에 보관하는 것이 좋다.

꿀벌 세계와 꿀벌 수의사

2부

꿀벌이 직면한 위기

5장
지구가 아프면 꿀벌도 아프다

지구환경의 기후 변화는 지구상의 모든 생명체에 영향을 미치지만, 특히 환경 변화에 민감한 꿀벌에게는 치명적일 수 있다.

기온이 상승하고 강수량이 변하며 이상기온이 잦아지면서 꿀벌의 생활에도 큰 변화가 나타나고 있다.

오늘날 기후 변화로 인한 조기 동시 개화, 도시화로 인한 녹지 파괴, 농약사용과 같은 문제로 인해 수분 가능한 식물의 수가 감소하고 있으며, 이는 곧 꿀벌의 개체수 감소 문제로까지 이어지고 있다.

이러한 변화는 다양한 해충의 증가로 이어져 농작물 피해와 경제적 손해는 물론 사람에게 질병을 일으키는 다양한 병원체를 매개함으로써 인류에게 심각한 영향을 미치고 있다.

기후 변화로 꿀벌이 사라지면, 우리의 먹을거리도 사라진다

또한 사라지는 꿀벌의 집단을 나타내는 벌무리의 피해도 갈수록 늘어나고 있다.

여왕벌, 수벌, 일벌로 구성된 봉군의 피해율을 줄일 방법을 찾기 위해서 2022년 농림축산식품부와 국립농업과학원이 양봉 피해 원인을 조사한 결과에 따르면 일교차 및 월동 전 꿀벌응애 방제 미흡으로 인한 봉군의 약화가 피해를 증가시킨다는 연구가 보고 되었다.

따라서 꿀벌에게 건강한 환경조성이 되면 꽃가루 채집하는 꿀벌이 많아지고, 수확량도 높아질 수 있을 것이다.

그러므로 사라지고 있는 꿀벌을 지키는 것이 지구환경 생태계를 보호하고 인류의 식량을 확보하는 길이다.

이 장에서는 기후 변화가 꿀벌에게 미치는 영향과 꿀벌이 이상 기후 속에서 어떻게 반응하는지를 살펴보기로 한다.

~ 기후변화가 꿀벌에게 미치는 영향 ~

1. 기후 변화가 꿀벌에게 미치는 영향

기후 변화로 인해 꿀벌이 직면하는 문제는 온난화, 이상 기후, 서식지 변화 등이다.

갑작스러운 폭우로 벌집이 무너지고 꿀벌들의 피난, 눈이 내리는 계절이 아닌데 내리고, 극심한 폭염 속에서 식물이 말라가는 비정상적인 날씨 변화, 기온 상승으로 인해 꿀벌들이 벌집 안에서 힘들어하는 등 지구환경의 기후 변화가 꿀벌에 미치는 영향이 크다.

특히 기상 요인(온도, 습도, 풍속, 강우량, 조도)이 꿀벌의 생육과 벌꿀 생산량에 미치는 영향이 크다.

1 지구온난화와 꿀벌의 서식지 변화

꿀벌이 활동하기 어려운 이상 기후 변화 등으로 기온 상승, 가뭄, 폭우 등의 이상 기후 현상이 벌꿀의 생존과 활동에 악영향을 미친다. 지구 평균 기온이 상승하면서 꿀벌이 서식할 수 있는 지역이 점점 줄어들고 있다.

❶ 북극권으로 이동하는 꿀벌

북반구에서는 기온 상승으로 인해 꿀벌의 서식지가 점점 북쪽으로 이동하고 있으며, 꿀벌이 기존의 따뜻한 지역에서 살아가기 어려워지면서 새로운 환경에서 적응해야 하는 문제가 발생한다.

❷ 남쪽에서는 꿀벌 개체 수 감소

기온이 지나치게 올라가는 폭염이 자주 발생하면 꽃이 피는 시기가 변하고, 벌꿀 생산량이 감소하며 고온이 지속되면 꿀벌의 신진대사가 빨라져 수명이 짧아지고, 스트레스가 증가한다.

2 꽃이 피는 시기의 변화

기후 변화로 인해 식물이 개화 시기를 놓치거나, 심한 가뭄으로 인해 꽃이 피지 않아서 꿀벌들이 먹이를 찾지 못해 굶주리는 현상이 나타난다.

평소에는 꽃이 가득 피어야 할 들판이 황폐해지고, 시든 꽃과 꽃이 부족하여 꿀벌들이 헤매고, 꿀을 채집할 꽃이 없어 배고픈 벌들이 벌집 안에서 힘없이 있고, 개화 시기가 변화하여 꽃이 이미 져버려 꿀벌들이 꿀 채집을 하기가 어려워진다.

기후 변화로 인해 식물의 개화(꽃이 피는 시기) 시기가 빨라지거나 늦어지는 현상이 발생하고 있으나, 꿀벌의 부화 시기는 자연적으로 조절되기 때문에, 꽃이 피는 시기와 맞지 않으면 꽃이 줄어들어 꿀벌이 먹이를 찾지 못해 개체수가 감소할 위험이 있다.

실제로 미국에서는 사과나무 개화 시기가 앞당겨지면서 꿀벌이 도착하기 전에 꽃이 져버리는 문제가 발생하고 있다.

③ 폭염과 가뭄이 꿀벌에게 미치는 영향

기온 변화로 인해 벌의 생활 주기가 달라진다. 따뜻한 겨울이나 갑작스러운 이상 기후 때문에 벌들이 제때 월동하지 못하거나, 너무 일찍 활동을 시작해 먹이를 찾지 못하게 된다. 겨울철이어야 할 시기에 기온이 높아져 벌들이 벌집 밖으로 나오고, 아직 개화하지 않은 들판에서 꽃을 찾지 못하고 허공을 배회하는가 하면 날씨가 너무 추워서 벌들이 얼어붙어 있는 벌집이 생기게 된다.

또한 기온이 너무 높아지면 벌집 내부 온도를 유지하기 어렵고, 벌들이 스트레스를 받게 된다. 가뭄이 심해지면 꽃이 적게 피고, 꿀벌이 채집할 수 있는 꿀과 꽃가루가 부족해진다. 꿀벌의 개체 수가 감소하면서 농업 생산성도 떨어지는 악순환이 발생한다.

4 해충과 질병의 증가

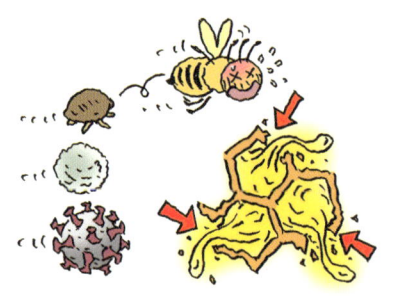

기온 상승으로 인해 꿀벌에게 해로운 해충(응애)과 질병이 더욱 퍼져 벌집 내부에서 해충이 들끓고, 병에 걸려 죽어가는 벌들이 많아진다.

해충이 꿀벌에게 달라붙어 꿀을 빼앗아 가며, 벌집 주변에 기후 변화로 인해 번진 곰팡이와 바이러스 등의 질병이 만연한다.

5 꿀벌 개체 수 감소와 환경 변화

기후 변화로 인해 꿀벌의 개체 수가 줄어들어, 식물의 수분(꽃가루받이) 활동이 감소한다. 벌들이 점점 사라지는 들판, 수분이 제대로 이루어지지 않아 열매를 맺지 못한 농작물, 벌들이 모두 사라져 꿀이 쌓이지 않는 텅 빈 벌집 모습, 농부들의 작물 생산량 감소로 인해 시름에 잠기며, 농산물 가격은 폭등하게 된다. 기후 변화로 인해 꿀벌이 많은 어려움이 겪게 되므로 지구환경 보호의 중요성을 강조하여야 한다.

이상 기후 변화로 꿀벌이 서식할 수 있는 지역이 점점 줄어

～ 비 오는 날, 벌들은 어떻게 할까? ～

2. 비 오는 날, 벌들은 어떻게 할까?

대개 꿀벌들은 기압 변화와 습도 변화로 비 예측을 하고 미리 벌집으로 돌아가는 등 비 오는 것을 예측하여 행동한다. 비가 오는 날 꿀벌들은 평소처럼 활동하지 못하고 특별한 행동을 보인다.

꿀벌들은 비가 오면 날개가 젖어 날아다닐 수 없어서 대부분 벌집 안에서 비를 피해 머물며 쉬거나 벌집 내에서 활동한다. 일부 꿀벌들은 꽃잎 아래나 나뭇잎 아래에서 비를 피하며 대기를 한다.

비가 오면 꿀벌은 벌집 안에서 꿀을 먹으며 에너지를 보충하거나 벌집 안에서 일을 한다. 꿀을 저장하거나 여왕벌을 돌보거나, 애벌레들에게 먹이를 공급하며, 서로 몸을 맞대고 온기를 유지하는 등 내부 활동을 한다. 비가 오는 날, 외출한 벌들은 비가 오기 전에 집으로 돌아오지 못해 외부에서 비를 맞기도 하며, 비를 피해 다양한 행동을 보인다.

빗방울이 떨어지는 가운데 꽃잎 아래에서 몸을 웅크리고 있거나, 비를 맞고 축 처진 채 땅에 앉아 있거나, 빗방울이 날개에 닿아 비틀거리며 날아가기도 한다.

비 오는 날, 꿀벌들도 우리처럼 실내에서 활동

1 비나 강한 바람을 꿀벌은 좋아하지 않는다

비가 오는 날에는 꿀벌이 거의 활동하지 않는다. 꿀벌의 날개는 얇고 가벼워서 빗방울에 맞으면 쉽게 젖고, 비행 능력이 떨어진다. 바람이 강하게 불어오면 벌집을 떠나 꽃을 찾는 것이 위험하므로 꿀벌은 비와 강한 바람을 피하고 싶어한다.

2 벌은 비가 오면 바쁘게 보낸다

꿀벌은 보통 비가 올 것 같으면 미리 꿀을 저장해 두며 벌집 내부에서 해야 할 일이 많아 분주하게 움직이며 일을 한다. 여왕벌을 돌보고 애벌레에게 먹이를 주며 벌집 온도를 유지하는 등의 집안일을 하면서 바쁘게 시간을 보낸다.

3 비 오는 날 꿀벌을 보호하는 방법

강한 비바람이 예상될 때 꿀벌을 보호하기 위해 벌통을 안전한 장소로 옮기고, 벌통이 물에 잠기지 않도록 높은 위치에 설치한다. 꿀벌이 비가 오는 동안에도 먹이를 충분히 먹을 수 있도록 보충 먹이(설탕물, 꽃가루 대체식 등)를 제공하여야 한다.

~ 꿀벌의 생활을 바꾸는 이상기온 ~

3. 꿀벌의 생활을 바꾸는 이상기온

이상기온(기후 변화로 인한 비정상적인 기온 변화)은 꿀벌의 생태와 생활을 크게 바꾼다. 또한, 평균 기온 상승으로 인한 외래종 유입이 기존 꿀벌 개체수 감소에 상당한 영향을 미친다.

1 따뜻한 겨울에 오히려 굶어 죽는 꿀벌 발생

겨울철에는 꿀벌들이 벌집 안에서 서로 몸을 맞대고 온기를 유지하며 겨울을 난다. 하지만 이상기온으로 인해 겨울이 따뜻하면 벌들이 월동을 제대로 하지 못하고, 먹이를 소비해 버리면서 굶주릴 위험이 커진다.

겨울인데도 기온이 높아 벌집 밖으로 나오는 벌들이 생기거나, 비정상적인 겨울 날씨로 벌집 안의 먹이가 빠르게 줄어든다.

또한 겨울철 기온이 지나치게 올라가면 꿀벌들이 월동 시기 활동이 많아지고 이 시기에는 꽃이 거의 없어서 먹이를 찾기가 어려워진다. 먹이를 찾지 못하여 꿀벌들은 에너지를 소비하고 굶어 죽는 꿀벌들이 많아진다.

이처럼 최근 연구에 따르면 기온 변동성이 꿀벌의 월동 준비와 산란 시기에 영향을 미치고 있다. 특히, 10월의 급격한 기온 변화와 12월의 이상 고온 현상이 꿀벌의 월동 준비에 부정적인 영향을 주어 집단 폐사와 대량 실종의 원인으로 작용하고 있다.

너무 따뜻한 겨울 - 꿀벌의 월동 문제

2 겨울이 너무 추우면 집단 폐사

따뜻한 겨울에 벌들이 벌집 밖으로 나왔다가 갑작스러운 한파로 인해 얼어 죽는 경우가 많아진다.

이상기온으로 한겨울인데도 벌들이 바깥으로 나와 날아다니다가 갑자기 기온이 급강하여 날아가던 벌들이 얼어 떨어지고 벌집 입구에서 얼어버린 꿀벌이 발생한다.

겨울 날씨가 너무 추우면 꿀벌들은 벌집 내부 온도를 유지하기 위해 더 많은 에너지를 소비하게 된다. 꿀벌들은 서로 몸을 모아 체온을 유지해 보지만 너무 춥거나 먹이가 부족하면 집단 폐사 위험이 증가하게 된다.

최근 양봉농가에서는 이 같은 극한 기온의 변화 폭을 최소화 시키기 위한 노력으로 벌통 내 가온판을 설치하여 온도를 유지 시키기도 한다. 하지만 이러한 인위적 환경이 꿀벌들의 생리에 어떠한 영향을 미치는지에 대해서는 연구 중이다.

3 태풍과 강한 폭우가 꿀벌에게 미치는 영향

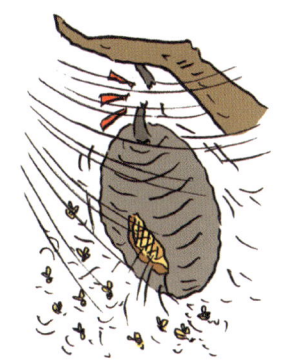

폭우나 태풍이 강해지면 벌집이 무너지고 벌들이 대피해야 하는 상황이 발생할 수 있다. 강한 바람에 벌통이 날아가거나, 폭우를 피해 나뭇잎 아래로 모여드는 꿀벌들이 많아지기도 하며, 벌집이 부서져 벌들이 사방으로 흩어지고 날아간다.

또한 폭우가 계속되면 꿀을 모으는 시간이 줄어들고, 벌통 내부가 습해져 병에 걸릴 위험이 증가하게 된다. 따라서 꿀벌 보호를 위해 기상 예보를 미리 확인하고 벌집을 단단하게 고정하는 등의 대책이 필요하다.

4 이상기온으로 빠른 개화

이상기온으로 인해 꽃이 너무 일찍 피거나 아예 피지 않는 경우가 발생하기도 한다. 꿀벌과 꽃의 엇갈린 시기로 꿀벌들이 제때 먹이를 구하지 못하는 문제가 발생한다.

봄이 되기 전에 꽃이 피어버리고, 벌들이 아직 활동을 시작하지 않은 시기에 이미 꽃이 져버려 꿀을 구하지 못하는 경우가 생기게 된다. 벌들이 활동을 시작한 시점에 꽃이 이미 져버려 꽃이 부족한 환경에서 꿀을 찾지 못하고 방황하는 벌들이 굶게 되는 경우가 발생한다.

5 여름철 심한 폭염으로 꿀벌들의 탈수와 벌집 붕괴 현상 발생

여름철 폭염이 심해지면 벌들이 탈수 상태에 빠지거나 벌집 내부 온도가 너무 높아져 벌집이 녹아내려, 벌집 붕괴 현상이 발생하기도 한다.

벌집 주변으로 태양이 강렬하게 내리쬐면 더위에 지쳐 혀를 내민 채 힘없이 날아다니는 벌들이 생기게 된다. 또한 벌집 내부 온도가 올라가 밀랍이 녹아 꿀이 흘러내리고, 벌들이 더위를 피하려고 벌집 밖으로 나오기도 한다.

6 기후 변화로 인한 해충과 질병 증가

지구환경의 이상 기후 변화로 따뜻한 날씨가 지속되면 꿀벌의 주요 해충(예: 응애, 말벌 등)이 빠르게 번식하고, 꿀벌들에게 치명적인 질병이 증가할 수 있다.

벌집 안에서 응애(진드기)가 벌들을 괴롭히고, 병에 걸려 죽어가는 벌들이 많아지면 건강한 벌들이 병든 벌을 벌집 밖으로 내보낸다.

기후 변화, 이상기온 등 지구환경 변화에서 꿀벌이 살아남아야 한다

꿀벌을 보호하려면 앞으로 우리는 여러 각도로 생각하여야 한다. 기후 변화로 인해 꿀벌의 생존이 점점 어려워지고 있어 꿀벌을 보호하기 위해서는 벌집 보호, 먹이 공급, 농약 사용 줄이기 등의 노력이 절대로 필요하다.

또한 사라지는 꿀벌을 보호하기 위해 기후 변화 대응에 관심을 가지고 환경 보호에 동참해야 한다. 이제는 꿀벌을 보호하는 다양한 연구가 필요한 시점이 되었다.

6장
꿀벌의 천적과 질병

꿀벌은 자연 속에서 다양한 천적에게 위협을 받으며 살아간다. 꿀벌은 자연 생태계에서 중요한 역할을 하지만, 다양한 천적과 질병에 의해 생존이 위협받고 있다. 특히 말벌, 개미, 새 같은 천적들이 꿀벌을 공격하거나 벌집에 침입한다. 이들 천적의 포식은 꿀벌의 개체 수 감소와 활동 범위 축소를 가져와 생태계의 균형에 부정적인 영향을 미친다.

여기에 치명적인 외부 기생충인 응애(Varroa destructor)를 비롯한 바이러스, 세균 감염이 꿀벌 집단을 위협하고 있다. 또한 진드기 매개에 의한 질병 전파는 꿀벌의 면역 체계를 흔들어 전체 군집의 붕괴를 초래할 수 있다.

이러한 원인으로 인한 피해에 대해 한국양봉협회의 조사에 따르면 2023년 4월을 기준으로 피해율이 61.7%에 달한다.

따라서 꿀벌을 보호하기 위해서는 천적과 질병으로부터 안전한 환경을 조성하고, 지속적인 관리가 필요하며, 꿀벌 사멸을 사전 예방할 수 있는 양봉가의 환경모니터링 시스템이 요구되고 있다.

이번 장에서는 꿀벌을 위협하는 대표적인 천적과 질병을 살펴보기로 한다.

꿀벌들의 천적

1. 꿀벌을 위협하는 천적

말벌은 꿀벌에게 가장 위험한 천적이다. 특히 장수말벌과 등검은말벌은 벌집을 습격해 꿀벌을 잡아먹거나 애벌레를 빼앗아 간다. 벌집 주변에 있다가 장수말벌이 벌집을 습격한다.

등검은말벌이 빠르게 날아와 꿀벌을 낚아채면 공포에 질려 꿀벌은 도망가거나 방어한다. 덩치가 큰 말벌이 꿀벌을 물어뜯으면 꿀벌들이 단체로 말벌을 둘러싸고 방어(열 공격: 몸을 부르르 떨며 열을 발생시켜 말벌을 죽이는 방식)하기도 한다.

꿀벌의 주요 천적은 말벌, 개미, 새, 거미 등이며 이들은 꿀벌을 먹거나 벌집을 공격해 꿀벌의 생존에 큰 위협이 되고 있다.

특히 외래 유입 생물침입은 토착종과의 경쟁, 먹이사슬의 교란 등으로 생물 다양성에 악영향을 미친다.

우리가 보호해야 하는 꿀벌은 다양한 천적과 싸우며 살아간다

1 말벌 : 꿀벌의 가장 강력한 천적인 말벌의 공격

말벌(장수말벌, 등검은말벌 등)은 꿀벌을 잡아먹고 벌집을 공격하는 대표적인 천적이다.

말벌 중 장수말벌(*Vespa mandarinia*)은 벌목(Hymenoptera) 말벌과(Vespidae)의 곤충으로 지구상에서 가장 큰 말벌이다. 일반 꿀벌보다 덩치도 크고 비행 속도도 빠르며, 꿀벌을 단숨에 죽일 수 있는 강한 턱을 가지고 있으며, 벌집을 습격해 애벌레까지 모두 잡아먹는다.

등검은말벌(*Vespa velutina*)은 유럽과 아시아에서 꿀벌 개체 수 감소의 주요 원인 중 하나로, 대표적인 외래 유입종으로 2003년 우리나라에서 처음 보고되었고 방제법과 천적 등에 대한 정보는 부족한 실정이다.

말벌의 공격 방식은 정찰 벌이 먼저 벌집을 찾아 위치를 확인하고, 여러 마리가 몰려와 꿀벌들을 공격하며, 성체 꿀벌을 죽인 후 애벌레를 가져가기도 하고 벌집을 완전히 점령하기도 한다.

꿀벌의 방어 전략은 벌 공(ball) 전술로 꿀벌 여러 마리가 말벌을 감싸고 날개를 빠르게 움직여 내부 온도를 47℃ 이상으로 올려 말벌을 죽이는 방법이 있다. 벌통 입구를 좁혀 말벌이 쉽게 들어오지 못하도록 하며, 꿀벌들이 뭉쳐서 말벌을 공격하는 집단 방어가 있다.

이러한 꿀벌의 방어는 한계가 있어 말벌의 집단 공격에 속수무책으로 피해를 보는 경우가 많다.

❷ 개미의 침입 : 벌집 내부의 적

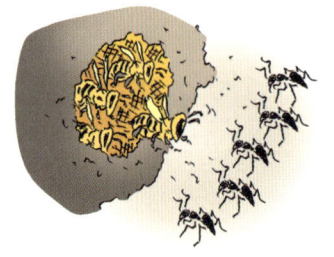

개미들은 꿀을 좋아하므로 벌집 내부의 작은 틈으로 침입해 꿀을 훔쳐 가거나 애벌레를 잡아먹기도 한다. 외래 개미 종(예: 붉은불개미, *Solenopsis invicta*)이 벌집을 점령하면 꿀벌들이 떠나 버리기도 한다.

개미를 막기 위해 벌통 주변에 미끄러운 표면(기름칠, 테프론 테이프 등)을 설치하거나 물로 차단한다.

❸ 새(벌을 잡아먹는 새, 꿀을 노리는 새) : 꿀벌을 잡아먹는 천적

새들은 꿀벌을 먹이로 삼고, 어떤 새들은 벌집 속의 꿀을 노리기도 한다. 꿀벌을 잡아먹는 제비, 박새, 딱새 같은 새들은 공중에서 날아다니는 꿀벌을 공중에서 낚아채어 잡아먹는다.

박새는 겨울철에 벌통 근처에서 꿀벌을 사냥하는 모습이 자주 목격된다.

꿀을 노리는 새 (부리로 벌집을 쪼는 새), 벌집을 공격하는 새와 벌들이 방어하기도 하고 새를 쫓아내려고 떼를 지어 공격하기도 하지만 꿀벌 개체 수가 줄어드는 시기(겨울철)에는 새의 포식이 더 큰 영향을 미친다.

4 쥐와 곰 : 꿀을 노리는 포식자

꿀벌의 천적 중에는 쥐와 곰처럼 벌집 속의 꿀을 훔쳐 먹는 동물도 있다. 야생에서 곰은 벌집을 부수고 꿀을 먹고, 쥐는 벌집 안으로 들어가 꿀을 훔쳐 먹는다.

양봉농가에서 쥐에 의한 피해가 종종 발생하여 끈끈이 등을 이용한 쥐 방제(구서) 대책을 마련하기도 한다. 이때 쥐와 곰에게 덤벼드는 꿀벌들도 있다.

꿀벌의 치명적인 적, 응애(진드기)

2. 꿀벌의 치명적인 적, 응애(진드기)

지구환경의 변화로 기온 상승으로 인해 꿀벌에게 해로운 응애(진드기)와 질병이 더욱 확산이 되고 있다. 벌집 내부에서 해충이 들끓고, 병에 걸려 죽어가는 벌들이 생기고, 기생충이 꿀벌에게 달라붙고, 벌집 내에 곰팡이, 바이러스 등 해충과 질병이 증가한다.

대표적인 해충인 꿀벌응애(Varroa destructor)는 꿀벌에게 가장 치명적인 기생충으로, 벌집 안에서 번식하며 꿀벌의 몸에 붙어 질병 매개체로서 바이러스를 전파한다. 응애는 크기가 작아 육안으로 보기 어렵지만, 확대해 보면 갈색의 납작한 타원형 몸체를 가진 해충이다.

꿀벌의 몸에 1~2마리의 응애가 들러붙어 꿀벌의 체액 성분을 빨아먹는다. 꿀벌응애에 감염된 꿀벌은 기력이 약해져 날개를 제대로 펴지 못하거나 비틀거린다. 꿀벌응애는 벌집 속에서 번식하며, 특히 애벌레와 번데기에 기생하여 꿀벌이 정상적으로 자라지 못하게 한다. 꿀벌응애는 다른 꿀벌 질병보다 생산성 감소, 개체 수 감소, 군집붕괴현상과 같은 큰 경제적 피해를 유발한다.

꿀벌에 기생하는 응애류를 대표하는 바로아응애(Varroa destructor), 가시응애(Tropilaelaps sp.), 기문응애(Acarapis woodi) 3종이 있다.

응애류 감염 실태는 대부분 지역에서 발견되었으며, 특히 바로아응애의 감염률이 높게 나타나며 응애류 감염으로 꿀벌의 체중 감소, 수명 단축, 면역력 저하 등이 관찰되었다.

꿀벌응애는 단순한 기생충 이상의 역할을 하며 다양한 바이러스를 매개하여 꿀벌 군집 붕괴 현상의 주요 원인 중 하나로 작용한다. 따라서 꿀벌응애의 효과적인 관리와 방제가 꿀벌 군집의 건강 유지에 필수적이다.

응애(진드기)는 꿀벌에게 가장 치명적인 기생충

1 바로아응애의 특징과 위험성

응애는 크기가 작아 육안으로 보기 어렵지만, 확대해 보면 갈색의 납작한 타원형 몸체를 가진 해충이다.

바로아응애는 꿀벌의 체성분인 혈림프나 지방체를 빨아먹으며 꿀벌을 약하게 만들고 질병을 발생시킨다. 바로아응애에 감염된 꿀벌은 면역력이 약해지고 성장 과정에서 변형이 생기며 수명이 짧아진다.

특히 바로아응애가 꿀벌 애벌레와 번데기에 기생하면 성체가 되어도 정상적인 꿀벌로 성장하기 어렵다.

2 바로아응애의 번식 과정

응애는 벌집 속에서 알을 낳고 번식하며, 특히 작은 붉은색 응애들이 애벌레의 몸과 번데기에 기생하여 꿀벌이 정상적으로 자라지 못하게 한다. 응애에 감염된 번데기에서 태어난 꿀벌은 주로 날개 불구병 바이러스(Deformed Wing Virus)에 감염된다.

바로아응애는 꿀벌 애벌레가 번데기로 변하는 순간 벌집에 침입하여 산란한다. 번데기가 성장하는 동안 응애는 꿀벌의 체액을 빨아먹으며 증식한다. 새로 태어난 성충 꿀벌과 함께 벌집을 나와 다른 꿀벌들에게 감염된다.

3 응애 감염으로 인해 약해진 벌집

응애 감염이 심해지면 벌집 전체의 개체 수가 줄어들고, 벌들이 힘없이 쓰러지기도 한다. 벌집 안에서 죽어 있는 벌들이 많이 보이고, 바닥에 날개가 제대로 펴지지 않은 기형 벌들이 속출한다. 또한 여왕벌이 알을 낳지 못하고 벌통 내부가 황폐해지기도 한다.

4 바로아응애 감염을 막는 양봉가의 벌집 관리

양봉가는 응애를 발견하고 초기에 대처를 잘하여야 한다. 양봉가는 응애 감염을 막기 위해 정기적으로 벌집을 검사하고, 필요할 경우 약제를 사용하여 치료한다.

양봉가는 벌집을 꺼내 돋보기로 응애를 확인하고, 응애 제거를 위한 물리적, 자연 친화적, 화학적 방제를 통해 벌 무리를 관리하여야 한다.

자연적 방제로 응애에 저항성이 강한 벌을 키우거나, 개미산 등 천연 물질을 이용하여 응애를 줄인다. 물리적 방제로 저온 처리나 벌통 내부 습도를 조절하여 바로아응애가 번식하기 어려운 환경을 조성하여 꿀벌을 지키고 있다.

~ 꿀벌의 바이러스와 세균 등 질병 ~

3. 꿀벌의 바이러스와 세균 등 질병

꿀벌은 바이러스와 세균 감염으로 인해 심각한 피해를 당할 수 있다. 이러한 질병은 전 세계적으로 36여종이 있으며, 개체 수 감소뿐만 아니라 꿀벌 군락 전체의 붕괴로 이어질 수도 있다. 따라서 병원체의 정확하고 빠른 탐지를 위한 효과적인 기술은 연구자들과 양봉가들의 주요 관심사이다.

다양한 꿀벌 병원체의 치료제와 백신이 개발되어 왔지만, 각 병원체에 대한 표적 치료제의 개발은 부진하여 꿀벌 병원체의 직접적인 치료는 일부에 한정되는 실정이다.

1 꿀벌 바이러스 질병

❶ 날개 불구병 바이러스(DWV, Deformed Wing Virus)

날개불구병바이러스(DWV)는 꿀벌의 날개를 기형으로 만들어 정상적으로 날지 못하게 한다. 날개불구병바이러스는 바로아응애(진드기)가 퍼뜨리는 대표적인 바이러스로 감염된 꿀벌은 날개가 기형적으로 변형되어 날지 못하고, 수명이 짧아진다.

건강한 꿀벌은 날개가 반듯하고 몸이 윤기 나는 모습이나 감염된 꿀벌은 날개가 작고 주름져 있으며 찢어진 듯한 형태로 벌집 바닥에 힘없이 쓰러져 있는 모습이다.

❷ 검은 여왕벌방 바이러스병 (BQCV, Black Queen Cell Virus)

검은여왕벌방바이러스병(BQCV)은 여왕벌의 번데기를 검게 변색시키고 죽게 만드는 바이러스이다. 일명 여왕벌 흑색병이라고 하는 이 질병에 감염된 번데기는 검게 변하며 여왕벌의 개체 수 감소로 이어진다.

정상적인 여왕벌 번데기(흰색)가 감염된 번데기(검게 변색된 모습)가 되어 벌집 내부에서 축 처져 있게 되면 일벌들이 감염된 번데기를 제거한다.

❸ 급성 벌 마비증(ABPV, Acute Bee Paralysis Virus), 이스라엘 급성 마비증(IAPV, Israeli Acute Paralysis Virus)

급성벌마비바이러스, 이스라엘급성마비바이러스 등 다양한 바이러스가 꿀벌의 면역 체계를 무너뜨리고 있다.

급성벌마비바이러스는 꿀벌의 신경계를 손상하여 마비를 일으키고, 결국 죽음에 이르게 한다. 바이러스에 감염된 꿀벌은 벌집 내부에서 떨고 있거나 마비되고, 다리가 오그라들고 몸을 제대로 가누지 못하고, 감염된 벌들이 움직이지 못하고 벌집 바닥에 쌓이게 된다.

이스라엘급성마비증도 급성벌마비증과 비슷한 증상을 보이며 미국에서 꿀벌의 군집 붕괴(CCD)에 관여하는 것으로 나타났다.

❹ **낭충 봉아 부패병(SBV, Sacbrood Virus), 카슈미르 벌 바이러스(KBV, Kashimir Bee Virus)**

낭충봉아부패병은 꿀벌의 유충에서 발생하는 바이러스 질병이다. 낭충봉아부패병은 감염 초기에는 백색에서 회황색으로 변하고 병세가 진행됨에 따라 머리부터 갈색 또는 회갈색으로 변하여 마지막에는 암갈색으로 변해 차차 건조되어 죽게 된다. 처음에 이 병에 걸려 죽은 유충이 마치 물주머니와 같이 부패하기 때문에 낭충봉아부패병이라 이름을 붙인 것 같다.

낭충봉아부패병은 제2종 가축전염병으로 부저병의 증상과 비슷하여 간혹 부저병과 혼동하여 잘못 처리하는 경우도 있다. 우리나라에서는 2009년 토종벌에서 공식 확인되었고, 한봉산업에 막대한 피해를 입히고 최근까지도 회복되지 못한 실정이다.

카슈미르벌바이러스감염증은 대부분의 바이러스성 감염들과 같이 뚜렷한 증상을 나타내지 않아 크게 주목받지 않았지만, 꿀벌 진드기와 연계되어 벌무리를 전멸시킬 수 있는 바이러스 중 하나로 알려져 있다. 카슈미르벌바이러스에 감염되면 죽기 전 급격한 마비와 몸을 떨며 날지 못하고 점차 검게 되는 증상을 보인다.

② 꿀벌 세균 및 진균성 질병

꿀벌에 발생하는 주요 세균성 질병은 미국 부저병(American Foulbrood)과 유럽 부저병(European Foulbrood)이며, 진균성 질병으로 석고병(Stonebrood Disease)과 백묵병(Chalkbrood Disease), 노제마병(Nosema Disease)이 있다. 부저병은 제3종 법정가축전염병이다.

❶ 미국 부저병(AFB, American Foulbrood)

미국 부저병은 Paenibacillus larvae라는 세균에 의해 발생하며, 가장 치명적인 꿀벌 유충 질병으로 감염된 애벌레는 점액질로 변하고 벌집 전체가 악취를 풍긴다.

벌집은 덮개가 있는 건강한 애벌레 벌방과 감염된 애벌레가 있는 덮개 없는 벌방 그리고 빈 벌 방이 혼합되어 있기에 얼룩덜룩하게 보인다.

정상적인 애벌레는 통통하고 하얀색이나 감염된 애벌레는 갈색 액체처럼 변한 모습이다. 애벌레는 아교 형태로 변하여 남아 있는 애벌레에 탐침을 넣어 당기면 실처럼 밖으로 끌려진다. 예방을 위해 감염된 벌집은 태워서 소독한다.

❷ 유럽 부저병(EFB, European Foulbrood)

유럽 부저병은 Melissococcus plutonius라는 세균에 의해 발생하며, 초기 애벌레(48시간 이하 연령)에 발생하여 애벌레가 벌방 덮개를 하기 전 바로 죽는다. 그러나 이러한 증상은 유럽 부저병 이외 다른 원인에 의해 나타날 수도 있다.

감염된 애벌레가 영양 부족으로 노랗게 변하고 주름진 형태가 되어 벌집 내부에서 쪼그라든 모습으로 죽어서 말라 짙은 갈색 비늘을 형성하고, 벌방에서 쉽게 떨어진다. 항생제를 이용해 치료할 수 있으며, 미국 부저병과 달리 비교적 증상이 가볍다. 감염된 벌집은 소독해야 한다.

바이러스와 세균 감염으로부터 심각한 꿀벌

❸ 석고병(Stonebrood Disease)

석고병은 Aspergillus spp. 이라는 곰팡이에 의해 발생한다. 꿀벌에 있어서 심각한 질병이 아니고 잘 발생도 하지 않는다고 인식하고 있으나, 적지 않은 피해를 초래하고 있다. 또한 이 병원체는 사람과 동물에게 호흡기 질환을 일으키는 인수공통전염병이다.

감염된 애벌레는 처음에는 흰색과 솜털 상태에서 약간 갈색 또는 황록색으로 변한다. 그리고 딱딱하고 굳은 미이라가 된다. 즉 돌처럼 딱딱한 흰색 덩어리(석고)로 변하며, 백묵병의 증상과 차이는 부풀린 듯(Sponge-like)이 보이지 않는다.

감염된 애벌레의 미이라는 벌 방에 세로로 놓여있거나 육각형의 모양을 하고 있다. 꽃가루와 석고 병에 감염된 미이라의 색깔이 비슷하여 세심한 주의가 필요하다.

❹ 백묵병(Chalkbrood Disease)

백묵병은 Ascosphaera apis가 원인체로 감염된 애벌레는 초기증상으로 솜처럼 다소 팽대되어 죽으나, 균사가 자라면서 체액이 말라 백색 분필처럼 굳어져 나타나고, 늦은 봄이나 초여름에 다발한다.

❺ 노제마병(Nosema Disease)

노제마병은 Nosema apis 또는 Nosema ceranae라는 미생물이 벌의 장을 감염시켜 설사를 유발한다. 감염된 꿀벌은 하나같이 기는 현상을 나타내고, 기면서 한번씩 날기 위해 안간힘을 써 보지만 날개의 비상력이 상실되므로 인해 뛰는 모습으로 보인다.

일벌의 생명은 단축되고 침 쏘는 힘도 약하고 날개를 포개 접지 못하는 모습과 복부 팽대 증상이 있다. 따라서 감염된 벌은 활동성이 떨어지고, 벌집을 제대로 관리하지 못한다.

3 바이러스와 세균 감염을 막는 방법

❶ 벌통 위생 관리 및 병든 벌집 제거

벌집에서 바이러스와 세균 감염을 막기 위해서는 양봉가는 주기적으로 벌집을 소독하고 깨끗하게 유지하여야 한다. 벌통 내·외부에 소독제를 뿌리고, 감염된 벌집은 새 벌집으로 교체하여 질병 확산을 방지한다.

❷ 건강한 벌 사육 환경 조성

꿀벌의 면역력을 높이기 위해 스트레스 없는 환경을 조성하여야 한다. 꿀벌 면역력 강화 방법으로 건강한 먹이를 공급하여야 한다. 벌꿀과 꽃가루 외에도 꿀벌에게 추가 영양 공급이 필요하다.
벌통 내부에 작은 용기 속에 단백질 보충제(화분떡, 꽃가루 대체식)를 공급하여 영양을 보충하고, 비타민과 미네랄이 포함된 꿀물을 공급한다. 프로폴리스와 로열젤리를 활용하여 꿀벌의 면역력을 높이는 데 도움을 준다.

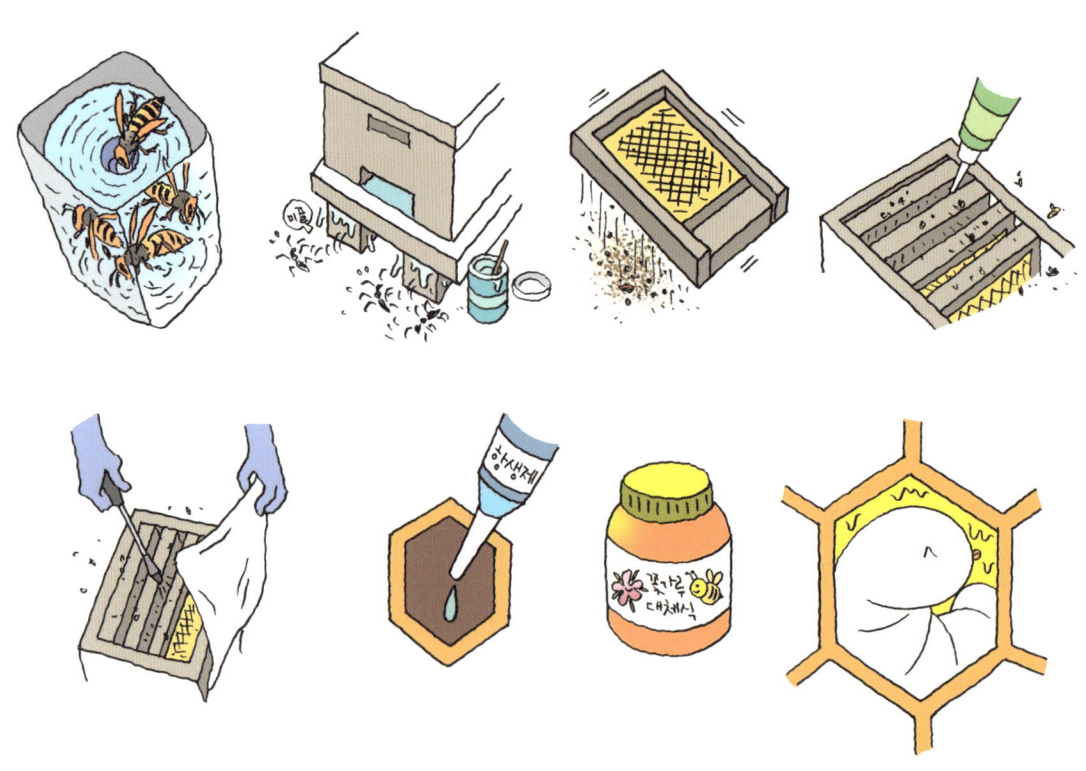

꿀벌 천적과 질병으로부터 보호 방법

4. 꿀벌의 천적과 질병으로부터 보호 방법

꿀벌이 천적과 질병으로부터 안전하게 생존하려면 적절한 보호 대책과 치료 방법이 필요하다.

전체 군집의 붕괴를 막고 생태계의 균형을 위해서 꿀벌의 천적과 기생충에 대한 연구와 모니터링이 필요하며, 이를 통해 효과적인 방제 및 관리 전략을 개발해야 한다. 또한 양봉가들은 꿀벌 군집의 건강 상태를 주기적으로 점검하고, 필요시 적절한 방제 조치를 취해야 한다.

꿀벌 보호를 위해서는 환경적 관리와 화학적 방제 방법을 적절히 병행하는 것이 가장 효과적이다. 이번 장에서는 꿀벌을 위협하는 요소들로부터 보호하는 약제와 방법을 자세히 살펴보기로 한다.

1 꿀벌을 천적으로부터 보호하는 방법

❶ 말벌로부터 보호하는 방법

방어벽 설치, 벌통 입구를 좁혀 말벌이 쉽게 침입하지 못하게 하고, 벌통 주변에 말벌 방어망(그물망)을 설치한다. 설탕물, 맥주, 식초를 섞어 만든 유인액을 사용해 말벌을 유인 후 제거하고, 페로몬 기반 말벌 덫을 사용하면 효과적이다.

말벌이 침입하면 벌공(ball) 전술 유도로 여러 마리의 꿀벌이 말벌을 감싸 체온을 높여(47℃ 이상) 죽이고, 벌들이 강한 방어 능력을 유지하도록 건강한 환경을 조성한다.

말벌 제거용 살충제의 사용은 신중한 접근이 필요하다. 오히려 꿀벌에 해를 끼칠 수 있으므로 직접적인 사용은 피해야 하며, 제한적으로 사용되어야 한다.

❷ 개미로부터 보호하는 방법

벌통 받침대에 개미 방지 장치를 설치하고, 다리 부분에 바셀린, 기름칠 등 개미 방지 기름을 해서 개미가 기어오르지 못하게 하며, 벌통 받침대를 물그릇 안에 두어 개미가 접근하지 못하도록 한다.

개미 퇴치제를 개미둥지 주변에 배치하면 효과적일 수 있으나, 개미를 제거하는 살충제의 벌통 내부 사용은 금지해야 한다.

❸ 새(박새, 제비)로부터 보호하는 방법

벌통 주변에 알루미늄 호일, CD 등 반짝이는 물체를 걸어두면 새가 접근하는 것을 막을 수 있다. 벌통 주변에 그물망 등 울타리를 설치해 새가 쉽게 접근하지 못하게 한다. 벌통에서 떨어진 곳에 곤충이나 씨앗 등 먹이를 제공하여 새의 관심을 돌리는 방법도 있다.

2 꿀벌을 바로아응애로부터 보호하는 방법

❶ 기계적 구제

꿀벌응애의 생활사와 생리 특성을 이용한 기계적 구제로는 꿀벌응애가 벌 덮개 기간이 긴 수벌 방을 선호하는 점을 이용하여 수벌 방에 유인된 응애를 냉동 살충이나 수벌 방 제거를 통해 구제하는 방법이다. 또한 철망 바닥을 이용하여 꿀벌의 몸단장(그루밍)으로 바닥에 떨어진 응애가 못 올라오게 하는 방법과 가루 설탕을 이용하여 꿀벌의 몸단장을 유도하는 방법으로 이 두 방법을 병행할 경우에 효과적이다.

❷ 화학적 구제

꿀벌응애 검사를 통해 감염이 증가된 경우 화학적 구제 방법을 생각해 보아야 한다. 화학적 구제의 방법에는 천연 약제를 이용한 구제와 합성 약제에 의한 구제가 있다. 이때 천연 약제를 통한 구제를 우선적으로 실시하고 감염정도가 심할 경우 합성 약제 사용을 고려하는 것이 좋다.

천연 약제에 의한 구제는 밀랍 등 양봉 산물에 잔류 위험성이 없으며, 국내에서 주로 사용하는 개미산, 옥살산, 티몰이 추천된다.

이들 천연 약제는 사용시 적정 온도와 밀봉된 벌집 내 침투 여부에 따라 시기별 사용이 고려되며, 사용시 인체에 미치는 영향이 위험하므로 주의 사항을 잘 지켜야 한다.

합성 약제로는 플루발리네이트, 아미트라즈, 프루메스린, 시미아졸, 쿠마포스 등이 있으며, 꿀벌응애의 내성과 양봉 산물 약제 잔류문제를 고려하여 사용 해야 한다. 때에 따라 합성 약제가 밀납에 잔류될 경우 노제마증에 더 취약할 수 있으며, 합성 약제는 융복합 구제 전략에서 마지막 수단으로 사용하는 것을 권장한다.

또한 이러한 꿀벌응애 구제는 감염 정도를 주기적으로 점검하여 어떤 융복합적 방법을 적용할 것인지 결정하는 것이 바람직하다. 화학적 구제는 응애 구제제의 성분에 따라 순환 사용하는 것을 권장한다.

③ 꿀벌을 바이러스와 세균 감염으로부터 보호

❶ 바이러스 감염 예방 및 치료

꿀벌 바이러스 질병에 대한 직접적인 치료제는 없다. 따라서 질병 발생을 예방하는 방법으로 양봉장 주변의 위생 관리와 소독을 철저히 하는 것이다. 날개불구병바이러스(DWV)를 비롯한 대부분의 바이러스 질병이 꿀벌응애에 의해 매개 전파되므로 응애 방제를 철저히 하면 예방이 가능하다.

또한 검은여왕벌방바이러스(BQCV) 같은 질병을 예방하기 위해서는 바이러스 감염이 없는 여왕벌을 이충 하거나 감염된 벌을 조기에 격리시킨다.

이러한 꿀벌 바이러스 질병은 대부분 꿀벌의 면역력이 떨어져 발생하거나, 먹이 부족으로 질병이 발생되므로 사육 환경을 철저히 관찰하고 유지해야 한다. 최근에 전 세계적으로 꿀벌 질병 관심이 높아짐에 따라 바이러스 백신 개발도 진행 중이다.

❷ 세균 감염 예방 및 치료

꿀벌의 세균 감염 예방을 위해 양봉장의 위생 관리와 양봉장에서 사용하는 각종 기구에 대한 주기적인 소독이 이루어져야 한다. 부저병의 치료에는 항생제 옥시테트라사이클린(Oxytetracycline, Terramycin)을 사용하나, 내성이 생길 수 있으므로 감염이 심하면 감염된 벌집을 소각하는 것이 최선이다.

약해진 벌무리의 면역강화를 위해 충분한 먹이 공급과 꽃가루 대체식 등 비타민과 미네랄이 포함된 꿀물을 준다. 또한 천연 항균 물질인 프로폴리스나 로열젤리를 활용하기도 한다.

건강한 벌 무리를 유지하기 위해서는 벌통 적정 온도 유지와 습도 등 세균이 번식하기 어려운 환경을 만드는 것이 중요하다.

~ 외래성 작은 벌집 딱정벌레의 피해 ~

5. 외래성 작은 벌집 딱정벌레의 피해

외래성 작은 벌집 딱정벌레(*Aethina tumida*)는 꿀벌 군집에 심각한 피해를 주는 침입종 곤충으로 남아프리카가 원산지인 꿀벌 해충이다. 애벌레가 벌집을 파괴하고 꿀과 유충을 오염시켜 봉 군에 큰 피해를 주는 해충이다.

작은 벌집 딱정벌레의 외형은 크기가 약 5~7mm이고, 성충은 짙은 갈색에서 검은색이며 유충은 흰색에서 크림색이다. 짧고 타원형 몸체로 앞쪽 더듬이 끝이 곤봉 모양이다.

⬡ 1 벌집 속에서 피해 과정

딱정벌레 성충이 벌집 내부로 침입하여 벌집 안에서 산란(한 마리가 최대 1,000개 이상 알을 낳음)을 한다.

유충이 부화하여 꿀과 꽃가루를 먹으며 벌집을 파괴하고 배설물로 인해 꿀이 발효되고 악취가 발생하면 곰팡이가 핀 벌집을 벌들이 버리고 떠나는 상황이 발생한다.

2 피해 사례 및 벌들의 반응

벌들이 작은 벌집 딱정벌레를 감지하고 공격하지만, 딱정벌레는 벌집 틈이나 구석으로 숨어서 방어한다. 심한 경우 벌집이 붕괴가 되고 벌 군집이 이탈한다.

벌들이 딱정벌레를 물어뜯으려 하지만 딱정벌레가 구석에 숨어 있어 찾기가 어렵고 벌집이 완전히 무너진 뒤 남겨진 유충과 성충들로 인해 벌들은 벌집을 버리고 떠나게 된다.

3 작은 벌집 딱정벌레 유충의 이동 및 번식

벌집을 먹고 자란 유충들이 벌통 밖으로 나와 땅속으로 파고들어 번데기가 된 이후 성충이 되어 다시 벌집을 침략한다.

유충들이 벌통 바닥으로 떨어져 땅속으로 들어가 번데기로 변하고 성충이 되어 다시 벌집으로 날아간다. 우리나라에서는 2016년 경남 밀양에서 처음으로 작은벌집딱정벌레의 발생이 확인되었으며, 이후 전국적으로 확산 우려가 제기되었다.

따라서 양봉농가의 피해를 최소화하기 위해 정기적인 벌통 점검을 통해 작은 작은벌집 딱정벌레의 존재를 조기에 발견하고, 오일 덫이나 먹이 덫을 벌통 내에 설치하여 성충을 포획하고, 벌통 주변 토양을 소독하여 애벌레의 번데기화를 억제하는 등 효과적인 예방 및 관리 방안을 고려해야 한다.

7장
인간이 만든 위험들

꽃에 수분 매개를 도와주는 꿀벌은 자연에서 중요한 역할을 하고 있지만, 인간이 만든 여러 가지 요인들로 인해 큰 위기를 맞고 있다.

식물과 작물의 수확량 증대와 병해충 관리를 위해 농약을 사용하고 살충제를 살포하면서 이로 인한 꿀벌 군집 붕괴 현상(CCD, Colony Collapse Disorder)이 나타나면서 꿀벌들에게는 여러 가지 문제가 생기고 있다.

특히 살충제 살포로 꿀벌이 사라지고 있다는 연구 보고를 보면, 산에서 쉽게 보는 소나무류에 치명적인 피해를 주는 소나무재선충병을 방제하기 위해 유·무인항공기를 이용한 항공방제 살충제 살포는 꿀벌의 치사율과 장기적으로 꿀벌 무리 감소에 영향을 줄 가능성이 있다고 하였다.

또한 한국양봉협회의 국내 조사에 따르면 2022년 겨울에만 양봉을 통해 길러지는 전체 꿀벌 중 약 15%가 손실되었다고 한다. 이는 지역에 따라 차이가 있으며 전남은 약 43%가 손실되었다. 따라서 꿀벌을 지키는 위한 다각적인 연구와 지원이 필요한 시점이다.

~ 농약이 꿀벌에게 미치는 영향 ~

인간이 만든 여러 가지 요인들로 인해 꿀벌 큰 위기

이번 장에서는 농약이 꿀벌에게 미치는 영향, 벌집이 사라지는 미스터리, 군집 붕괴 현상(CCD), 도시에서 살아남는 꿀벌들에 대해 알아보기로 한다.

1. 농약이 꿀벌에게 미치는 영향

농약은 농작물을 해충으로부터 보호하기 위해 사용되지만, 농약에 노출된 꿀벌은 꽃 위나 땅바닥에서 이상 행동을 보이며 치명적인 영향을 받는다.

벌의 움직임 이상 행동은 꽃잎 위에서 몸을 떨며 움직임이 둔해지거나, 비틀거리며 날개가 제대로 움직이지 않거나, 땅에 떨어져서 다리를 허공에 떨며 경련을 보이기도 한다.

1 농약이 벌집 내부로 퍼지는 과정

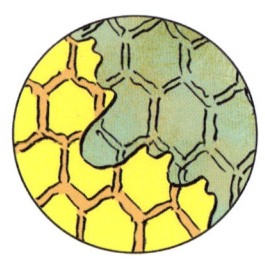

농약에 오염된 꿀벌이 벌집으로 돌아와 다른 벌들과 접촉하고, 꿀과 꽃가루를 오염시킨다. 육각형 벌집이 가득한 벌통 내부는 농약에 오염되고 농약이 벌집 내부로 퍼지게 된다.

오염된 꽃가루가 벌집에 저장되면서 일벌들이 꿀을 먹으며 점점 이상 행동을 보이거나 쓰러지며, 유충 방 안에서 허약해 보이거나 죽어가는 유충이 생기게 된다.

❶ 신경계 교란

대표적인 살충제인 네오니코티노이드(neonicotinoid) 계열 농약은 꿀벌의 신경계를 마비시켜 방향 감각을 잃게 만든다. 이는 벌들이 꽃에서 꿀을 채집한 후 벌집으로 돌아오지 못하게 하는 원인이 되고 있다.

❷ 면역력 저하

농약에 노출된 꿀벌은 면역 체계가 약해져 질병과 기생충에 더욱 취약해진다.

❸ 번식력 감소

농약은 여왕벌의 산란율을 낮추고, 애벌레의 생존율도 감소시켜 꿀벌 집단 전체의 개체수를 줄어들게 한다.

❹ 꽃가루받이 감소

꿀벌의 활동성이 떨어지면 농작물의 수정률이 낮아지고, 이는 식량 생산에도 부정적인 영향을 미치고 있다.

❷ 대표적인 사례

프랑스에서는 1990년대부터 네오니코티노이드 계열 농약 사용 후 꿀벌 개체 수가 급격히 줄어들었고, 결국 2018년부터 해당 농약을 전면 금지하고 있다.

미국과 유럽에서는 특정 농약이 CCD의 주요 원인으로 지목되며 규제가 강화되고 있다.

~ 벌집이 사라지는 수수께끼, 군집붕괴현상(CCD) ~

2. 벌집이 사라지는 수수께끼, 군집 붕괴 현상(CCD)

꿀벌의 군집붕괴현상(CCD, Colony Collapse Disorder)은 꿀벌들이 점점 사라지고 벌집이 텅 비어가며 붕괴가 되어 가는 모습을 말한다.

벌통 내부에 벌들이 거의 없어 텅 빈 벌집이 생기고, 죽은 벌들이 바닥에 쌓여 있거나 벌집 출입구 근처에 쓰러져 있다. 남아 있는 몇 마리의 벌은 기어다니거나 힘없이 날개를 퍼덕이거나 일부는 완전히 죽어 뒤집어져 있다.

즉 군집붕괴현상은 꿀벌들이 벌집을 갑자기 떠나 사라지는 이상한 현상으로 이 현상이 발생하면 여왕벌과 애벌레는 벌집에 남아 있지만, 일벌들은 집으로 거의 돌아오지 않는다. 따라서 꿀벌 군집붕괴현상을 막기 위해서 정부나 지자체에서도 다양한 노력이 필요한 시점이다.

2006년 미국에서 처음 대규모 CCD 발생

1 건강한 벌집과 CCD로 붕괴가 된 벌집

건강한 벌집은 수많은 꿀벌이 벌통 주위를 활발히 날아다니고, 벌집 내부에 일벌·유충·여왕벌이 가득 차 있으며, 꿀이 저장된 벌집이 황금빛으로 반짝이며 질서 정연한 모습이다.

반면 CCD 발생 벌집은 벌집 내부가 텅 비어 있고 벌이 거의 없으며, 남아 있는 몇 마리 벌은 힘없이 기어다니거나 날개가 축 처지며, 유충이 방치되어 죽어가며, 꿀도 거의 남아 있지 않고, 개미나 작은 벌집 딱정벌레 같은 해충이 벌집 내부에 침입하는 모습이 보인다.

❷ CCD로 일벌들이 사라지는 단계별 현상

군집붕괴현상으로 일벌들이 사라지는 과정을 단계별로 본다면,

1단계는 벌통 주위에서 일벌들이 활발하게 활동하고 꽃에서 꿀을 열심히 채집한다.

2단계는 일부 벌들이 방향 감각을 잃고 엉뚱한 곳으로 날아가고 몇 마리는 꽃 위에서 힘없이 늘어지거나 땅에 떨어진다.

3단계는 벌통 주변에서 날아다니는 벌이 급격히 줄어들고 벌집으로 돌아오는 벌이 거의 보이지 않는다.

4단계는 벌통 내부에 남아 있는 벌이 거의 없고 유충과 여왕벌만 남으며 외부에서 포식성 곤충들이 벌집을 침입하는 모습이 보인다.

3 CCD 현상이 자연에 미치는 영향

군집 붕괴 현상(CCD)으로 꿀벌이 사라진 후 인간과 환경에 미치는 영향은 심각하게 나타난다. 생동감 있던 들판이 점점 황폐해지고 그에 따른 자연의 변화 과정을 보게 될 것이다.

먼저 벌이 사라진 과수원은 꽃이 제대로 수정되지 않아 과일이 맺히지 않고, 시들어 가는 꽃과 가늘어진 식물들을 보게 된다.

수분이 부족해 열매가 맺히지 않거나 크기가 작아진 과일들이 많아져 농작물이 감소한다. 벌을 대신하여 꽃가루를 옮기는 다른 곤충(파리, 나비 등)은 있지만 효과가 미비하다.

꿀벌이 사라짐으로써 인간이 인공 수정(붓으로 꽃가루를 옮기는 작업)을 시도하나 한계가 있고, 점점 황폐해지는 자연환경의 변화 과정이 나타난다.

4 꿀벌 군집 붕괴 현상(CCD)의 구체적인 주요 원인

❶ 농약

네오니코티노이드와 같은 농약이 꿀벌의 신경계를 손상하여 길을 잃게 만든다. 네오니코티노이드계 살충제인 이미다클로프리드는 콜린성 시스템의 곤충 시냅스에서의 신호전달 역할을 표적으로 삼는다. 이미다클로프리드 노출은 낮은 농도와 높은 농도에서 꿀벌의 에너지 대사에 영향을 미치며 양쪽 모두 꿀벌 봉군 건강에 악영향을 미친다는 보고가 있다.

❷ 바로아응애

꿀벌에 기생하는 응애는 꿀벌의 체성분을 빨아먹고 바이러스를 매개 전파하여 개체 수를 감소시킨다.

❸ 영양 부족

단일 작물 재배(예: 대규모 아몬드 농장)로 인해 꿀벌이 다양한 영양분을 섭취하지 못하고 약해진다.

❹ 환경 변화

기후 변화로 인해 개화 시기가 변하면서 꿀벌이 먹이를 찾기가 어려워진다.

❺ 전자기파

휴대폰 기지국에서 나오는 전자기파가 꿀벌의 방향 감각을 혼란스럽게 한다는 연구 결과도 있다.

❻ 대표적인 사례

2006년 미국에서 CCD가 처음 대규모로 보고되었고, 이후 유럽과 아시아에서도 유사한 현상이 나타나고 있다.

우리나라에서도 양봉 농가들이 꿀벌 개체 수 감소 문제를 겪고 있으며, CCD의 원인으로 위에서 언급한 다양한 환경적 요인들이 지목되고 있다.

~ 도시에서 살아남는 꿀벌들 ~

3. 도시에서 살아남는 꿀벌들

도시에서도 꿀벌은 살아가고 있지만, 농촌과는 다른 어려움이 있다. 도시는 꿀벌에게 도전적인 환경이지만, 일부 꿀벌들은 인간과 공존하며 생존해 나간다.

자연과 달리 도시에서 살아가는 꿀벌들의 생활 공간은 고층 건물이 있고 도로 위로 자동차가 다니고 인도에는 사람들이 오가며 공원 등 현대적인 도시이다.

1 도심 속 꿀벌의 벌집

현대적인 도시에 살아가는 꿀벌의 벌집 위치는 주로 건물 옥상(양봉장), 공원 나무 구멍 속 자연 벌집, 길가 가로수 틈새, 아파트 베란다 화분 근처에서 살아간다.

꿀벌은 도시 속 화단과 가로수 꽃에서 꿀을 모으고, 도로 옆에 있는 작은 녹지에서 꽃가루를 모으며, 자연 속 벌집과 달리 인공적인 환경에 적응하며 도심 속 벌집으로 수없이 다니며 꿀벌 활동을 부지런히 한다.

자연이 부족한 도시에서도 꿀벌들이 살아남기 위해 다양한 요소에 적응하며 살아간다. 꿀벌들이 찾는 식물은 도심 공원의 꿀이 많은 라벤더, 해바라기, 장미, 민들레 등이다.

또한 도심 속 꿀벌은 길가의 가로수인 벚꽃과 밤나무 등을 찾아 나선다. 여기에 아파트 베란다 작은 화분에 있는 바질, 허브, 토마토꽃도 좋아한다.

꿀벌은 공원의 작은 연못이나 분수대 주변에서 물을 마시고, 에어컨 실외기에서 떨어지는 물을 이용하며, 도심 속 벌통 주변에서 활발히 날아다니고 있다.

❷ 도시의 위험 요소와 꿀벌의 도전

도심 속에 살아가는 꿀벌들이 겪는 어려움은 다양하다.

❶ 꽃의 부족

녹지가 적고 꽃이 피는 공간이 제한적이어서 먹이를 찾기가 어렵다.

❷ 공기 오염

미세먼지와 대기오염은 꿀벌의 건강을 악화시키고 꽃가루받이 능력을 떨어뜨린다.

❸ 도시 열섬 현상

도시는 시멘트와 아스팔트가 많아 열이 축적되면서 기온이 높아지고, 이는 꿀벌의 생존에 영향을 주고 있다.

❹ 살충제와 화학물질

도심의 공원이나 정원에서 사용되는 살충제도 꿀벌에게 해로울 수 있다.

❺ 교통 위험

도심 속 꿀벌은 교통량이 많은 도로 근처에서
날아다니다가 자동차에 부딪히기도 한다.

❻ 공해

자동차 배기가스가 있는 도심 환경에서 꽃을 찾다가 지쳐서 뜨거운 열기가 있는 아스팔트 위에서 쉬는 꿀벌들도 있다.

❼ 인간의 방해

도심 속 공원에서 꽃에 앉아 있는 꿀벌을 사람들이 손으로 쫓거나, 벌집이 발견되어 제거되는 상황도 발생한다.

위와 같은 예시는 도시에서 꿀벌들이 겪는 위험과 생존의 어려움, 인간의 무관심이나 두려움이 벌들에게 어떤 영향을 미치는지 보여준다.

도시도 꿀벌에게 기회가 될 수 있다

③ 인간과 공존하는 도심 속 꿀벌

도시에서 꿀벌 등이 겪는 어려움이 있는 반면에 꿀벌이 인간이 함께 살아가는 도심 속 친환경 활동 등 긍정적인 모습도 있다.

❶ 도시 정원과 꽃밭 조성 등 꿀벌 친환경 활동

공원이나 개인 정원에 꿀벌이 좋아하는 식물을 심어 도시 환경에서도 꿀벌이 살아갈 수 있도록 도울 수 있다.

시민들이 꿀벌을 돕기 위해 베란다에 허브와 꽃 등을 심거나 공원에서 "벌에게 안전한 정원" 표지판이 있는 꽃밭이 만들어지고, 꿀벌이 물을 먹도록 길가의 작은 물그릇을 비치하고, 벌들을 보호하기 위해 벌집을 제거하지 않는 친환경 활동 등 꿀벌 보호를 위한 작은 실천 '꿀벌 친환경 활동'이 꾸준히 늘고 있다.

❷ 도시 양봉 (Urban Beekeeping)

도심 속 고층 건물 옥상에서 보호 장비를 착용하고 벌집을 관리하는 양봉가가 도시 양봉장에서 꿀을 수확함으로써 인간과 꿀벌이 도시에서 함께 살아갈 수 있음을 보여주고 있다.

뉴욕, 런던, 서울 등 세계 여러 도시에서 옥상 양봉이 유행하며 꿀벌 보호를 위한 노력이 이어지고 있다.

대표적인 사례로 프랑스 파리는 에펠탑 옥상에서도 벌집을 설치해 도시 양봉을 실천하고 있으며, 서울은 남산과 서울숲에서 도시 양봉 기획이 진행되고 있다.

꿀벌 보호는 지구환경 보호와 식량과 생태계를 지키는 일

이렇듯 인간이 만든 위험 요소들은 꿀벌의 생존을 위협하지만, 동시에 해결책도 우리가 찾을 수 있다. 꿀벌을 보호하기 위해 농약 사용을 줄이고, 친환경 농업을 도입하고, 군집 붕괴 현상의 원인을 계속 연구하고, 기생충과 질병을 예방하는 노력이 필요하다.

여기에 도시에서도 꿀벌이 살아갈 수 있도록 '꿀벌 보호 환경'을 조성하는 것이 중요하며, 꿀벌을 보호하는 일은 지구환경 보호와 함께 우리 식량과 생태계를 지키는 일이기에 모두가 관심을 가지고 사라지는 꿀벌에 위험 요인을 줄여나가는 것이 무엇보다도 중요하다.

꿀벌 세계와 꿀벌 수의사

3부

꿀벌을 치료하는 사람들

8장
꿀벌 수의사의 진료가 필요한 꿀벌

기르는(양봉; 養 기를양 蜂 벌봉) 꿀벌은 '가축'이다. 꿀벌도 사람처럼 병에 걸리거나 기생충·바이러스 등에 감염될 수 있으며 다칠 수 있다.

꿀벌이 아플 때 치료해 주는 사람이 꿀벌 수의사이다. 꿀벌 수의사는 아픈 꿀벌의 상태를 살펴보고 진료하여 꿀벌의 건강을 지키고, 병에 걸리지 않도록 예방하는 중요한 역할을 한다.

꿀벌이 사라지지 않고 우리 곁에 계속 있어야 하기에 지구환경 꿀벌 지킴이가 필요하며, 이러한 일을 수행하는 꿀벌 수의사가 늘어나고 있다.

이번 장에서는 꿀벌 수의사가 어떤 일을 하는지, 꿀벌의 건강을 어떻게 관리하는지 그리고 벌집에서 꿀벌을 치료하는 방법까지 살펴본다.

꿀벌을 돌보는 특별한 직업, 꿀벌 수의사

1. 꿀벌을 돌보는 특별한 직업, 꿀벌 수의사

꿀벌 수의사는 벌을 치료하는 수의사이다. 보통 수의사라면 개, 고양이, 소, 말 등을 치료하는 모습을 생각하지만, 꿀벌도 진료 대상이다. 우리나라 관련 법령에서는 꿀벌은 '동물'이며 '가축'이다.

「수의사법」 제2조 2. 동물이라 함은 소, 말, 돼지, 양, 개, 토끼, 고양이, 조류, 꿀벌, 수생동물, 그 밖에 대통령령으로 정하는 동물을 말한다.
「축산법」 제2조 1. "가축"이란 소, 말, 양(염소 등 산양을 포함한다. 이하 같다), 돼지(사육하는 멧돼지를 포함한다. 이하 같다), 닭, 오리, 그 밖에 식용(食用)을 목적으로 하는 동물로서 대통령령으로 정하는 동물을 말한다. 「축산법 시행령」 제2조 그 밖에 대통령령으로 정하는 동물 중 3. 꿀벌
「가축전염병예방법」 제2조 1. "가축"이란 소, 말, 당나귀, 노새, 면양, 사슴, 돼지, 닭, 오리, 칠면조, 거위, 개, 토끼, 꿀벌 및 그 밖에 대통령이 정하는 동물

꿀벌은 '동물'이며 '가축'이다

「가축전염병예방법」 제2조 2. 가축전염병 제2종 가축전염병에 낭충봉아부패병, 제3종 가축전염병에 부저병으로 관리되고 있는 꿀벌 질병이 있다.

1 지구 환경지킴이 꿀벌

꿀벌은 인간의 식량 생산에 중요한 역할을 한다. 전 세계 주요 작물의 71%가 꿀벌의 수분 활동 덕분에 열매를 맺는다. 최근 기후 변화, 농약, 바이러스, 기생충 감염 등으로 인해 꿀벌 개체 수가 급격히 줄어들고 있다.

2 꿀벌 수의사가 하는 일

꿀벌 수의사는 지구환경의 다양한 변화로 꿀벌이 감소하고 있어서 이런 문제를 해결하기 위해 벌 무리를 진료하고, 질병을 연구하며, 벌을 보호하는 방법을 찾는다. 또한 양봉 농가를 방문하여 꿀벌의 질병을 관리 지원한다.

앞으로도 꿀벌 수의사는 지구환경이 변화하는 가운데 해야 할 일이 많다. 꿀벌 수의사는 꿀벌 질병 연구 및 치료법 개발, 벌집 건강 상태 점검 및 질병 예방, 꿀벌 백신 개발 지원 및 보급, 양봉 농가 꿀벌의 질병을 관리 지원 컨설팅 및 교육 등을 하면서 지구환경 지킴이로 활동을 기대한다.

꿀벌 수의사는 지구환경이 변화하는 가운데 해야 할 일이 많다

꿀벌 건강 체크

2. 꿀벌 건강 체크

꿀벌 수의사는 벌들의 건강 상태를 확인하기 위해 여러 가지 방법을 사용한다. 꿀벌을 직접 관찰하거나, 벌집을 검사하고, 현미경 및 실험을 통한 분석 등의 단계를 거치면서 꿀벌 건강 체크를 한다.

꿀벌의 외형 및 행동을 파악하기 위해 꿀벌 수의사는 벌집 근처에서 꿀벌을 자세히 관찰한다. 꿀벌 수의사는 꿀벌을 관찰하기 위해 복장을 철저히 준비하여야 한다.

망사 모자 등 보호 장비를 갖추고 장갑을 낀 채로 확대경 또는 루페(소형 돋보기)로 벌을 자세히 들여다본다.

꿀벌의 몸과 행동을 세밀하게 관찰하는 것이 건강 체크의 첫 단계이다. 꿀벌의 건강 상태를 관찰하면 건강한 벌은 윤기 있는 털·깨끗한 몸·활발한 움직임이 보이고, 아픈 벌은 날개가 찢어지거나 접히고 쪼그라들고 몸이 축 처치며 움직임이 둔하다. 또한 정상적인 벌은 꽃에서 꿀을 모으고 왕성하게 활동하며 이상이 있는 벌은 벌집 바닥에서 기어다니거나 떨고 있다.

1 벌집 건강 상태 직접 관찰하기

꿀벌 수의사는 벌집의 건강 상태를 일반 수의사처럼 개별적인 진료를 하는 것이 아니라 벌집 전체를 하나의 개체로 보고 검사한다.

벌집 내부를 직접 검사하는 과정이 중요하며 벌 무리의 건강 여부를 비교하는 것이 중요하다. 벌집 내부를 점검하기 위해 벌집(소비)을 들어 올려 내부 유충과 벌들의 상태를 확인한다.

건강한 벌집은 깨끗한 육각형 구조로 황금색 꿀을 지장하는 공간에 흰색 유충이 있는 반면에, 병든 벌집은 검게 변색 된 유충과 응애(진드기)를 볼 수 있으며 비정상적인 벌집 구조를 보인다.

꿀벌 수의사는 꿀벌의 개체 수가 줄어들었는지 관찰하고 꿀벌의 행동이 평소와 다른지를 확인한다. 또한 여왕벌이 벌집에 알을 건강하게 산란하고 있는지도 살피며 벌집에 기생충이나 질병의 흔적이 없는지를 살펴봐야 한다. 이때 진료 도구로 청진기, 확대경, 열화상카메라 등이 이용되고 있다. 꿀벌 수의사는 벌집 상태를 기록하고, 동료 꿀벌 수의사들과 정보를 공유하며 최종 진단을 한다.

2 개별 꿀벌의 건강 체크

꿀벌 수의사는 특정 벌을 골라 건강 상태를 세밀하게 관찰한다. 핀셋으로 벌을 조심스럽게 잡고 확대경으로 확인한다.

꿀벌의 몸 상태를 점검하기 위해 날개가 정상적으로 펴지는지, 기생충(응애)이 붙어 있는지를 검사하며 꿀벌의 더듬이나 다리가 손상되었는지를 확인한다. 또한 벌 무리의 변(똥) 상태도 살피며 먹이의 섭취 정도를 확인한다.

3 꿀벌의 행동 변화 확인하기

꿀벌 수의사는 꿀벌이 정상적으로 날아다니는지 살펴보며 꿀벌이 특정 화분(꽃가루)을 싫어하는지를 파악한다. 또한 벌들이 이상한 진동이나 소리를 내는지를 확인한다.

이러한 점검을 통해 꿀벌 수의사는 벌집의 건강 상태를 평가하고, 문제가 발생하는 경우는 양봉 농가와 함께 조치 및 질병 검사 등을 진행한다.

4 꿀벌 시료 검사 및 분석 의뢰

채취한 꿀벌 시료는 실험실로 가져와 검사를 진행하고 정밀 검사가 필요할 경우 관련 검사기관(동물위생시험소 등)에 의뢰한 후 검사 결과에 따른 분석을 한다.

꿀벌 수의사는 때로 양봉장에서 직접 검사하기도 한다. 현장 응애(진드기) 검사는 직접 진드기가 보이는지 육안검사를 하지만, 무엇보다 응애 감염 정도를 정확하게 파악하는 것이 중요하다. 그러기 위해서는 응애 탐지 방법을 사용한다.

꿀벌응애의 개체 수 탐지 방법에는 설탕가루법, 알코올세척법, 바닥끈근이법, 소방(벌집)직접검사법이 이용된다. 또한 이들 응애의 매개 질병 감염 여부를 검사하거나 약제내성 여부를 확인하기 위해 실험실 정밀 검사가 필요하다.

꿀벌 치료 및 위생 관리

3. 꿀벌 치료 및 위생 관리

꿀벌 수의사는 벌 무리를 건강하게 유지하기 위해 질병 예방 및 치료를 한다.

건강한 벌집을 유지하기 위해서는 양봉장(벌터) 위생 관리와 소독이 선행되어야 한다. 꿀벌은 가두어 기르는 다른 축종의 가축과 달리, 어느 곳이나 이동 가능하므로 항상 벌통 주변의 위생 관리를 철저히 해야 한다. 양봉장에서 사용하는 각종 기구는 수시로 소독하거나 햇볕에 자외선 소독하는 것이 좋다.

또한 벌터 내에 사용 후 오래된 벌집은 소독수에 담아 말린 후 재사용 하거나, 버려야 할 경우 벌터 내에서 제거해야 한다. 특히 질병에 감염된 벌집은 가능한 바로 소각 제거해 주는 것이 벌터 내 재감염을 예방하는 지름길이다.

꿀벌의 환경을 건강하게 조성하기 위해 벌집 주변에 밀원식물을 심어 먹이 부족이 없도록 관리하며, 양봉장의 풍향을 고려하여 벌통 놓는 위치를 정하는 등 벌통의 온도와 습도에 신경 써야 한다.

건강한 벌집 상태를 유지하기 위해서는 지속적인 관리와 예방 및 치료가 무엇보다 중요하다.

양봉장(벌터)에서 꿀벌을 치료하는 꿀벌 수의사

1 기생충(응애) 구제

대표적인 기생충인 바로아응애(Varroa destructor)는 꿀벌에 직접적인 피해를 주며, 질병 매개체로 작용한다. 따라서 꿀벌응애의 구제를 위해서는 제일 먼저 감염 개체 수 확인 후 구제 대책을 마련해야 한다.

꿀벌응애 구제 시기는 꿀벌의 성장 활동과 계절에 따라 그 방법을 고려해야 한다. 가능한 벌 무리에 영향이 적은 기계적 구제를 먼저 실시하고, 응애 개체 수가 많은 경우 화학적 구제와 혼용하여 구제하는 것을 권장한다.

최근에는 유전자 연구를 통해 응애에 강한 꿀벌 품종을 개발하는 노력도 진행 중이다.

2 꿀벌 질병 감염 치료

꿀벌의 일부 질병은 항생제를 이용해 치료할 수 있다. 하지만 양봉 산물에 잔류가 되지 않도록 채밀 전 충분한 휴약기간을 고려하여 치료해야 한다. 또한 각종 꿀벌 질병 예방 및 치료 약제가 많으나, 반드시 동물약품 국가검정 기관에서 인증 받은 약을 사용해야 한다.

'진드기나 꿀벌 질병 잡으려다가 벌을 잡는다'라는 말이 있듯이 꿀벌에 사용하는 약제는 정확한 용량을 사용할 것을 권장한다. 최근에는 일부 질병에 대한 꿀벌용 백신도 개발되어 꿀벌 질병 예방에 도움을 줄 것으로 기대한다.

3 충분한 먹이 공급

꿀벌의 질병 발생은 약한 벌 무리와 벌집에 충분한 먹이 부족으로 발생하는 경우가 많다. 꿀벌은 4시간만 굶어도 벌 노릇하기 힘들다. 따라서 본격적인 채밀을 위해 벌 무리가 며칠간 유지할 수 있을 만큼의 꿀은 남겨 놓아야 한다.

특히 아까시꿀이 나는 5~6월에는 비가 자주 오는 기간으로 자칫 꿀벌이 굶어서 각종 질병이 발생하거나 죽는 경우가 있다. 충분한 양질의 먹이 공급은 그 어떤 꿀벌 치료제 보다 우선으로 검토되어야 한다.

4 환경 개선을 통한 치료

농약을 사용하지 않는 꽃밭을 조성하고, 다양한 식물 제공으로 영양 균형을 맞추고, 벌통을 청결하게 유지하고 꿀벌에게 스트레스 환경을 제거한다. 꿀벌 수의사는 꿀벌이 건강하게 살 수 있는 환경을 조성하는 역할을 하고 있다.

꿀벌 수의사는 미래의 중요한 직업

꿀벌이 줄어들면 인류의 식량 생산에도 큰 위기가 닥칠 수 있다.

꿀벌 수의사는 단순히 꿀벌을 치료하는 직업이 아니라, 환경을 보호하고 인류의 미래를 지키는 중요한 역할을 하는 환경지킴이 역할을 하는 직업이다.

미래에 꿀벌을 사랑하고 지구환경을 보호하는 직업에 관심이 있다면 꿀벌 수의사에 관심을 가져보기를 청소년들에게 권한다.

9장
꿀벌 수의사는 무슨 일을 할까?

꿀벌 수의사(Bee Veterinarian)는 단순히 병든 꿀벌을 치료하는 것뿐만 아니라, 양봉장 관리 · 상담 · 연구 · 교육 · 정책 자문까지 다양한 역할을 한다.

지구환경의 변화로 꿀벌 개체 수 감소 문제와 기후 변화 등 환경적 요인으로 인해 꿀벌을 보호하고 꿀벌 건강에 관심이 증가하면서 꿀벌 수의사의 역할도 더욱 중요해지고 있다.

꿀벌 수의사의 역할을 크게 나누어 보면 꿀벌 건강 상태를 검사, 질병을 예방하고 치료, 양봉인(벌지기)을 도와주고, 꿀벌 양봉 농가 대상 상담 지원 및 교육을 하고, 새로운 꿀벌 보호 기술을 연구하는 등 꿀벌과 관련된 전문적 업무를 수행한다.

우리나라에서도 꿀벌 수의사 단체인 대한꿀벌수의사회가 2021년 창립되어 국내 양봉 산업과 수의학의 발전 및 꿀벌 전문 수의사 양성, 꿀벌 전염병 예방 등을 위한 학문 및 기술 교류를 활발하게 하고 있다.

지구환경의 변화로 꿀벌 수의사의 역할도 더욱 중요

꿀벌 수의사의 업무를 크게 꿀벌의 질병 진단과 치료, 양봉장 환경 관리 및 양봉 농가 지원 컨설팅, 연구 및 교육, 정책 자문 등으로 나누어 설명하겠다.

꿀벌의 질병 진단과 치료

1. 꿀벌의 질병 진단과 치료

꿀벌도 사람이나 다른 동물처럼 다양한 질병에 걸릴 수 있으며, 꿀벌 수의사는 이를 진단하고 치료하는 역할을 한다.

1 꿀벌 질병 진단

❶ 현장 조사

양봉장을 직접 방문하여 벌통의 상태를 점검하고, 꿀벌의 행동을 관찰한다. 벌들의 날아다니는 모습, 벌통 입구에서의 활동성, 죽은 벌의 개수 등을 확인한다. 이상 증상이 있는 벌(예; 날개가 뒤틀리거나, 움직임이 느린 벌 등)이 있는지 살펴보고 이를 진단한다.

❷ 벌통 내부 검사

벌집을 꺼내어 애벌레(유충)와 성체 꿀벌의 상태를 확인한다. 병원균(세균, 바이러스, 곰팡이 등)에 감염된 벌이 있는지 점검하며, 기생충(응애)의 존재 여부와 감염 정도를 검사한다.

❸ 실험실 검사

현장에서 채취한 벌이나 벌집, 봉개(벌 덮개; 꿀벌 애벌레를 덮고 있는 밀랍 층)를 실험실로 가져와 정밀 검사를 진행한다.

실험실 검사로는 현미경 검사, 면역형광기법, 홀스트 우유반응시험, 배양기법, 질산염 환원 시험, 카탈라제 검사, 중합효소연쇄반응(PCR), 실시간 PCR(Real-time PCR) 등을 활용하여 질병의 원인을 분석한다.

2 꿀벌 질병의 예방과 치료

❶ 예방 방법

꿀벌은 한 마리가 아프면 벌집 전체가 감염될 위험이 있으므로 예방이 무엇보다 중요하다. 또한 꿀벌 질병의 초기 발견은 전파를 막는 데 도움이 된다.

예방적 대책으로 도봉(도둑벌) 방지, 오염된 벌꿀의 사양 금지, 오염 벌무리의 처치, 오염 벌집의 소각, 오염 양봉 기구를 소독하는 등 가능한 벌무리에 고통을 줄여 스트레스가 없도록 관리하며, 저항성 꿀벌 종을 도입하는 방법도 권장된다.

질병에 감염된 꿀벌이나 벌통에 대한 예방으로 물리적 방법인 봉군(벌무리) 태우기, 벌통 내부 그을르기, 석랍(Paraffin wax)에 적시기, 감마 방사선 조사 등이 이용된다. 화학적 방법으로는 알칼리액이나 차아염소산나트륨 처리 방법 등을 이용하기도 한다.

꿀벌 치료는 동물용 의약품으로 등록 인증받은 약제를 사용

❷ 치료 방법

각종 바이러스, 세균, 곰팡이 기생충 등으로 아픈 꿀벌을 건강하게 치료하기 위해서는 무엇보다 벌터(양봉장)의 위생 및 소독 관리가 철저히 이루어져야 한다. 특히 이들 질병 등에 감염된 벌무리를 신속하게 차단하고 질병의 진행 과정에 따른 적절한 치료가 진행되어야 한다.

바이러스에 감염된 벌은 주로 꿀벌응애에 의해 매개·전파되며 치료법은 응애 관리를 통하여 치료한다. 이때 동물용 의약품으로 등록 인증받은 약제를 사용하며, 사용 설명서에 정해진 용법과 용량, 휴약기간을 준수해야 한다. 약품 사용 기록유지와 유밀기 직전과 유밀기, 채밀기에 사용을 금하며, 가능한 응애 약제는 순환 사용하여 내성 위험으로부터 예방해야 한다.

꿀벌 바이러스 질병에 대한 직접적인 치료제는 없으므로 소독을 통한 차단과 벌무리의 면역력 강화를 위한 양질의 먹이가 공급되어야 하며, 세균성 질병이나 진균성 질병의 합병증을 막아야 한다.

이때 사용되는 항생제의 사용은 벌꿀 내 잔류성에 대해 주의하여야 하며, 가루 뿌리기, 대량 먹이 주기(Bulk feeding), 약제 혼합 반죽(Extender patly), 종이 팩 방법 등을 사용한다.

~ 양봉장 환경관리 및 양봉농가 지원 상담 ~

2. 양봉장 환경 관리 및 양봉 농가 지원 상담

꿀벌을 치료하는 꿀벌 수의사는 양봉장(벌터)의 환경을 최적화하고 양봉 농가가 지속 가능한 방식으로 벌을 기를 수 있도록 지원하는 중요한 역할을 한다. 이를 위해 꿀벌 수의사는 현장에서 직접 벌통을 점검하고, 질병 예방, 먹이 공급, 벌통 배치, 기생충 관리 등을 종합적으로 상담한다.

꿀벌을 건강하게 보호하려면 벌통과 주변 환경을 적절히 관리해야 한다. 꿀벌 수의사는 양봉인에게 벌통 관리 방법을 알려주고, 질병 예방을 위한 환경 조성을 돕는다.

양봉 농가 지원 상담을 하는 꿀벌 수의사

1 양봉장 환경 점검 및 개선

꿀벌 수의사는 양봉장이 꿀벌이 살기에 적절한 환경인지 평가하고 기온, 습도, 바람 등 자연환경이 꿀벌에게 미치는 영향 분석 및 벌통 배치 방법을 조언한다.

벌통이 밀집되어 있으면 질병 확산 우려가 있으므로 너무 가까운 벌통은 서로 간격을 두어 정렬하는 등 적절한 간격 유지가 필요하며, 벌통의 방향을 남쪽으로 배치하여 햇빛을 충분히 받도록 유도한다.

주변에 다양한 꽃이 있어야 꿀벌이 충분한 먹이를 얻을 수 있으므로 벌통 근처에 꿀벌이 좋아하는 꽃을 심는 작업을 조언하며, 농약을 많이 사용하는 농경지와 거리가 가까우면 위험하므로 안전한 장소로 이동을 권장한다.

벌통 주변의 풀이나 잡초를 정리하여 개미와 말벌 등 해충의 접근을 막고, 꿀벌이 깨끗한 물을 마실 수 있도록 작은 물웅덩이나 급수 장치를 설치한다.

❶ 위생 유지

벌통 내부의 곰팡이, 해충, 병원균을 제거하기 위해 정기적으로 소독한다. 오래된 벌집을 주기적으로 교체하여 병원균의 축적을 방지한다.

❷ 온도 및 습도 조절

벌통 내부 온도는 35℃ 정도가 이상적이며 습도도 적절히 유지해야 한다. 여름에는 벌통을 그늘에 배치하고, 겨울에는 단열 처리를 한다.

❸ 벌통 배치

벌통은 바람이 심하지 않고 해가 잘 드는 곳에 배치해야 한다. 벌통 사이 간격을 적절히 유지하여 전염병 확산을 막는다.

2 꿀벌 수의사의 양봉 농가 지원 상담

꿀벌 수의사는 양봉장을 점검하고 양봉 농가를 돕는 중요한 역할을 하고 있다. 양봉 농가에서는 꿀벌을 건강하게 키우는 것이 매우 중요하다. 하지만 농약, 기후 변화, 질병 등 여러 가지 문제 때문에 꿀벌을 건강하게 기르는 것이 예전과 다르게 쉽지 않다.

이러한 문제를 조금이나마 해결해 주기 위해 꿀벌 수의사는 꿀벌 농가를 돕는 컨설팅을 시작하였고 양봉 농가의 문제를 해결하는 일을 하고 있다.

❶ 양봉 농가 방문

양봉장에서 보호 장비 착용 후 벌통을 검사하고, 벌통을 열어 내부 벌들의 상태를 확인하며, 양봉 농가와 상담을 한다. 양봉인과 꿀벌 건강 관련 대화를 나누며, 벌집의 상태를 살펴보며 설명하는 등 양봉 농가를 지원해 준다.

또한 양봉 환경을 개선하기 위해 벌통 주변에 꿀벌이 좋아하는 꽃을 심거나 벌통이 건강하게 유지될 수 있도록 온도, 습도 조절 방법 등을 자문한다.

❷ 꿀벌 시료 채취 및 검사

꿀벌 상태를 확인하기 위해 꿀벌 시료를 채취하여 현장 검사나 실험실 검사를 하여 그 결과를 통보해 주는 등 양봉 농가가 직접 수행하기에 번거로운 일들을 도와주는 전문가 일을 하고 있다.

꿀벌 수의사는 양봉 농가에 맞는 벌집 관리법 지도, 질병 예방 및 치료법 안내, 벌들의 먹이(꽃과 화분) 조언, 기후 변화에 따른 꿀벌 보호 방법 연구, 꿀 생산량 증가 및 꿀벌 보호를 위한 기술 지원 등을 한다.

③ 환경 보호와 꿀벌 건강

❶ 화학물질 사용 최소화

살충제, 제초제, 농약은 꿀벌에게 치명적일 수 있으므로 사용을 줄이도록 지도한다. 친환경 농업을 병행하여 꿀벌이 안전한 환경에서 생활할 수 있도록 환경을 조성한다.

❷ 꽃과 먹이 공급

꿀벌이 사계절 내내 충분한 먹이를 얻을 수 있도록 다양한 꽃이 피는 환경을 조성한다. 단일 작물 재배보다는 여러 꽃이 계절에 따라 연속되도록 밀원(정원)을 조성하여 꿀벌에게 유리하도록 꽃과 먹이 공급 환경이 되도록 노력한다.

꿀벌의 건강을 지키기 위한 연구 및 교육

3. 꿀벌의 건강을 지키기 위한 연구 및 교육

꿀벌 수의사는 꿀벌을 치료하고, 꿀벌의 질병 예방·건강 유지·생태 보전을 위한 연구를 수행하고, 이를 바탕으로 양봉인·학생·정책 결정자 등에게 교육하는 역할을 한다.

꿀벌의 건강이 나빠지는 원인을 과학적으로 분석하고 꿀벌 개체 수 감소 문제를 해결하기 위한 연구를 진행하며, 이를 바탕으로 양봉 농가와 일반 대중에게 올바른 양봉 및 꿀벌 보호 방법을 교육한다.

꿀벌의 건강을 지키는 연구 및 교육을 위해 실험실에서 연구하고 교육 현장 및 양봉과 관련한 기관에서 교육에 힘쓰고 있다. 특히 초·중·고 청소년을 대상으로 사라지고 있는 꿀벌을 보호하기 위한 '지구환경 지킴이 꿀벌 보호' 교육에 최선을 다하고 있다.

이러한 꿀벌을 연구하고 교육하는 꿀벌 수의사의 활동은 '꿀벌 보호'를 위한 중요한 역할이다.

꿀벌 수의사, 새로운 질병과 전염 경로를 연구하고 예방 및 치료법을 개발

1 꿀벌 질병 연구 및 조사

❶ 꿀벌 질병 및 환경 변화 분석

꿀벌 수의사는 꿀벌 질병 및 면역력 연구, 농약·환경 오염·기후 변화가 꿀벌 건강에 미치는 영향 조사, 꿀벌 먹이(꽃가루, 꿀)의 품질 및 안전성 연구를 한다.

꿀벌 연구의 세부 내용을 살펴보면 다음과 같다. 꿀벌의 질병 분석 연구, 벌집에서 꿀벌을 채취하여 각종 질병의 감염률 조사, 질병이 퍼지는 경로와 예방 방법 연구, 환경 오염과 농약의 영향 연구, 꿀벌이 채집한 꽃가루와 꿀에서 농약 잔류량 분석, 살충제·제초제 등이 꿀벌의 신경계와 면역력에 미치는 영향 연구, 기후 변화가 꿀벌 생태에 미치는 영향 조사, 기온 상승이 꿀벌의 번식과 이동 패턴에 어떤 영향을 주는지 연구, 가뭄이나 폭염이 꿀벌의 먹이 활동을 방해하는지 등 다양한 분야에 대해 분석과 연구를 수행한다.

현재까지 꿀벌 병원체 검출을 위한 검사법이 다양하게 개발되었으나 꿀벌 병원체 전체를 아우르는 검사법은 존재하지 않아 꿀벌 사멸의 원인을 규명하는 데 어려움을 겪고 있다. 따라서 꿀벌 질병의 감염으로부터 보호하기 위한 연구가 많이 필요한 시점이다.

따라서 꿀벌 수의사는 새로운 질병과 전염 경로를 연구하여 예방 및 치료법을 개발하며, 꿀벌의 유전적 다양성을 연구하여 질병 저항성이 강한 품종을 육성하는 등 꿀벌 질병 연구에 노력해야 한다.

❷ 꿀벌 건강 연구에서 하는 일

벌집 내 벌들의 수와 행동을 관찰하여 이상 징후를 확인하고, 꿀벌의 체온·움직임·채집 능력 등을 조사하며, 꿀벌 배설물과 몸에서 질병을 일으키는 병원균(바이러스, 곰팡이, 세균)을 검출한다.

예를 들어, 꿀벌이 평소보다 활동이 줄어들거나, 날아가는 속도가 느려진다면 이는 건강에 문제가 있다는 신호일 수 있다.

꿀벌 GPS 연구 실제 사례를 살펴보면 과학자들은 꿀벌의 이동 경로를 추적하기 위해 초소형 GPS 센서를 부착하는 연구를 진행한다. 이 연구를 통해 병든 벌이 어떻게 행동이 변하는지, 환경 변화가 벌들의 이동에 어떤 영향을 미치는지를 분석할 수 있다.

❷ 꿀벌 행동 연구

꿀벌 수의사는 꿀벌의 행동을 관찰하고 건강 이상 징후 연구, 군집붕괴현상(CCD)의 원인 규명, 스트레스가 꿀벌의 수명과 면역력에 미치는 영향을 분석한다.

다양한 요인에 의한 꿀벌 스트레스 연구 및 스트레스가 꿀벌의 면역력을 낮추는지 실험, 꿀벌이 소음, 빛 공해, 기후 변화 등에 얼마나 영향을 받는지 분석한다.

3 꿀벌 감염 예방과 백신 개발

꿀벌의 질병 연구 및 예방책을 마련하며 백신과 면역력 강화 연구를 통해 꿀벌 보호에 노력하는 일을 한다.

❶ 백신 개발의 필요성

꿀벌의 면역력을 높여 질병을 예방하고 항생제 사용을 줄이고 친환경적인 방식으로 벌들을 보호하며 질병 발생을 미리 차단하여 꿀벌 개체 수 감소를 방지하기 위한 백신 개발을 한다.

❷ 꿀벌 백신 개발 실제 사례

최근 과학자들은 꿀벌을 위한 최초의 백신을 개발했다.

이 백신은 낭충봉아부패병(SBV)을 예방하는 역할을 하며, 꿀벌의 먹이에 첨가하는 방식으로 투여된다.

❸ 꿀벌 백신 연구의 방향

백신 개발을 통해 꿀벌 집단의 면역력을 강화하고, 화학적 치료 대신 자연 면역력을 증가시키는 친환경적인 치료법을 연구하고, 꿀벌이 질병을 이겨 낼 수 있도록 건강한 환경을 조성하는 꿀벌 백신 연구에 노력한다.

④ 양봉 농가 및 일반인 대상 교육

양봉 농가에 올바른 벌통 관리 및 질병 예방법을 교육한다. 또한 일반 대중에게 꿀벌 보호의 중요성을 알리고, 도시 양봉, 정원(밀원) 조성 등 참여 활동을 장려하는 교육을 한다.

❶ 양봉 농가 대상 교육

양봉 농가가 겪는 벌집에서 꿀벌이 사라지는 군집 붕괴 현상(CCD), 기생충(응애) 감염으로 벌들이 약해지는 문제, 농약 사용으로 벌들이 중독되는 사례 증가, 꿀 생산량이 감소하는 문제 등을 교육을 통하여 전달한다.

농약 사용을 줄이는 꿀벌 친화적인 농법 도입, 꿀벌을 위한 다양한 식물 심기 프로젝트, 벌들의 이동 경로 연구를 통해 환경 개선을 위해 양봉 농가와 협력하는 꿀벌 보호 활동 교육을 한다.

❷ 일반인 대상 교육

일반인을 대상으로 네덜란드의 '도시 양봉 컨설팅' 실제 사례를 소개한다. 네덜란드에서는 꿀벌 보호를 위해 도시에서도 양봉할 수 있도록 돕는 컨설팅 프로그램을 운영한다. 꿀벌 수의사와 전문가들이 함께 도심 속 벌집 관리법, 꿀벌 친화적인 정원 조성 방법 등을 교육하는 사례 등을 일반인을 대상으로 교육한다.

양봉 농가, 일반인과 협력하는 꿀벌 보호 활동 교육

정책 자문 및 보호 활동

4. 정책 자문 및 보호 활동

꿀벌 수의사는 꿀벌을 보호하기 위해 정부 관계자 및 환경 단체와 협력하며, 각종 꿀벌 정책 회의에 정부 관계자·양봉인·환경 단체와 함께 '꿀벌 보호' 정책을 공유하고 세계 여러 나라의 연구자들과 함께 프로젝트를 진행하고 있다.

또한 정부, 환경 단체, 농업 관련 기관과 협력하여 꿀벌 보호 정책을 만들고, 환경 보호 활동을 수행하는 중요한 역할을 하며, 꿀벌 수의사는 꿀벌 감소의 원인을 연구하고 꿀벌이 안전하게 살아갈 수 있도록 법과 제도를 개선하는 데 노력한다.

꿀벌 수의사는 환경 보호 활동으로 시민들과 함께 벌이 좋아하는 꽃을 심거나 '지구환경 변화에 사라지는 꿀벌을 보호하자'라는 꿀벌 보호 캠페인에 참여하며, 정부·환경 단체·농업 관련 기관과 협력하여 꿀벌 보호 정책을 만들고, 꿀벌 보호를 위한 전문가 집단으로 사회적 역할까지 수행해야 한다.

1 정부 및 환경 단체와 협력하여 정책 자문 역할

꿀벌 수의사는 꿀벌 감소 문제 해결을 위한 정부 정책 제안, 친환경 농업 및 도시 생태계 개선을 위한 자문 활동, 꿀벌 보호를 위한 법률 제정 및 정책 개발에 참여한다. 특히 화학물질 사용

규제, 벌통 관리 지침 마련 등에 정책적 대안을 제시해야 한다.

또한 농약 사용 규제 및 대체 농법 연구, 살충제, 제초제 등이 꿀벌에 미치는 영향을 연구하고 정부에 농약 사용 제한을 제안하는 등 양봉 농가가 지속 가능한 방식으로 벌을 키울 수 있도록 정부 보조금 지원 정책 자문, 꿀벌 질병 예방을 위한 전국 단위 질병 모니터링 체계 구축 등 제안에도 힘써야 한다.

2 꿀벌 보호 캠페인 및 대중 교육 활동 역할

꿀벌 수의사는 꿀벌 보호의 중요성을 알리는 대중 캠페인 진행, 학교, 공공기관, 기업 대상 꿀벌 보호 교육, 시민과 협력하여 꿀벌 보호 운동을 전개해야 한다.

'사라지는 꿀벌 보호 운동' 캠페인 운영이든지 '꿀벌이 사라지면 우리의 식탁도 사라진다'라는 주제로 소셜 미디어·포스터·유튜브 등을 활용한 캠페인 진행, 꿀벌 보호를 위한 행동을 시민들에게 독려해야 한다.

학교와 기업 대상 교육 프로그램 운영, 초·중·고등학교에서 꿀벌의 역할과 중요성 강의, 친환경 기업과 협력하여 꿀벌을 보호하는 환경 조성, 공원에서 시민들과 함께 꽃을 심으며 꿀벌 서식지 만드는 시민과 함께하는 보호 활동, 꿀벌이 좋아하는 식물을 심는 '도시 꽃 심기 프로젝트' 진행, 지역 주민과 함께 '야생벌 보호 구역' 만들기 활동도 한가지 예가 되겠다.

3 꿀벌 서식지 보호 및 생태계 보전 활동 전개

양봉꿀벌뿐만 아니라 야생벌 보호 구역 설정 등 꿀벌이 안전하게 살아갈 수 있도록 야생 꿀벌 자연 보호 활동, 도시 및 농촌 지역에 야생벌이 서식할 수 있는 공간을 마련하기 위해 살기 좋은 '벌 보호 지역'을 지정하고 꿀벌의 먹이(꽃)와 서식지를 보존하는 프로젝트 수행도 생각해야 한다.

꿀벌을 치료하고 보호함으로써, 지구 생태계를 지키는 전문가

4 국제 협력 및 글로벌 꿀벌 보호 정책 수립

꿀벌 수의사는 해외 연구 기관과 협력하여 꿀벌 보호 정책 수립, 국제 환경 단체와 협력하여 세계적인 꿀벌 보호 운동 전개, 기후 변화 대응을 위한 국제회의 참석 및 정책 제안을 해야 한다.

꿀벌 수의사는 꿀벌 관련 국제회의에 참여하여 다국적 기업 및 NGO와 협력하여 친환경 정책 도입, 글로벌 식품 기업과 협력하여 꿀벌 친화적인 농업 방식을 장려, 환경 보호 단체와 함께 꿀벌 보호 활동을 적극 추진해야 한다.

꿀벌 수의사는 단순한 곤충 연구자가 아니라 '꿀벌을 치료하고 보호함으로써, 지구 생태계를 지키는 전문가'이다. 또한 최근 꿀벌 동물병원의 필요성, 꿀벌의 중요성, 꿀벌 연구의 필요성이 강조되고 있다.

이제 우리는 꿀벌이 자연과 인류의 미래를 위한 중요한 지구 환경지킴이의 역할을 하고 있다는 것을 인지하여야 한다.

꿀벌을 지키는 환경지킴이 꿀벌 수의사가 중요한 이유

꿀벌이 건강해야 농작물 생산량이 늘어나고 생태계가 유지된다. 따라서 꿀벌 백신과 예방 연구는 미래 식량 안보와 직결된 문제이므로 앞으로 꿀벌 수의사의 역할은 매우 중요하다.

꿀벌을 현장에서 직접 관리하는 양봉 농가를 지원하기 위한 꿀벌 수의사의 양봉 농가 컨설팅 지원 사업은 앞으로 꿀벌과 인간이 공존하는 지속 가능한 환경을 만드는 역할을 하기에 많은 지원과 협력이 있기를 기대한다.

앞으로 우리는 꿀벌 보호를 위해 어떤 노력을 할 수 있는지 생각해 보아야 하고, 사라지는 꿀벌을 지키기 위해서 부단한 노력을 하여야 한다.

꿀벌 세계와 꿀벌 수의사

4부

출범을 지키는 사람들의 노력

10장
꿀벌과 함께하는 사람들

꿀벌은 날아다니면서 많은 일을 하고 다닌다. 꽃가루받이를 하면서 식량을 지켜주고, 달콤한 꿀도 만들어 준다. 하지만 요즘 꿀벌들이 점점 사라지고 있어서 걱정이다. 최근 몇 년 동안 꿀벌을 기르고 관리하는 양봉에서 해충, 기상이변, 살충제 등의 복합적인 원인으로 인해 꿀벌의 폐사가 지속적으로 발생하고 있다.

또한 국내 양봉은 꿀벌의 먹이 자원인 밀원이 주로 아까시나무이다. 이 아까시나무에 의존도가 높아서 밀원의 다양성이 부족하다. 우리나라 산림 내 한정된 밀원과 높은 벌무리 밀도로 인한 사양꿀 생산으로 소비자 신뢰도 저하 등 다양한 문제점이 노출되고 있어 밀원식물의 조성 확대가 필요하다.

사라지는 꿀벌을 지키기 위해서는 양봉인과 밀원 조성에 적극적으로 나서야 한다. 꿀벌 치기는 꿀벌의 생육 환경을 조성하고 꿀벌 산물을 얻는 생업 활동이며, 밀원지 조성은 이러한 활동을 지원하고 농촌 경관과 지역 문화 자원으로서도 중요한 역할을 한다.

꿀벌을 지키기 위해 꿀벌과 함께 살아가며 노력하는 사람들을 소개하고자 한다.

～ 양봉가 : 꿀벌을 키우는 사람들 ～

1. 양봉가 : 꿀벌을 키우는 사람들

양봉산업의 3요소는 '밀원·꿀벌·양봉가'이다. 양봉가(Beekeeper)는 꿀벌을 키우고 관리하는 전문가이다. 꿀을 채취하고 벌집을 돌보며 꿀벌이 건강하게 살도록 도움을 주는 사람이다.

2023년을 기준으로 한국양봉협회에서 조사한 우리나라 꿀벌 종별 가구 수 및 군 수를 살펴보면 다음과 같다. 우리나라 양봉 농가 총가구 수는 26,686호이며 군수는 2,576,963군이다. 재래종 양봉은 3,850호 129,502군이며, 개량종 양봉은 23,115호 2,447,461군이다.

한국양봉협회는 1967년 창립 이후 양봉산업의 발전을 위하여 양봉가와 함께 축산업의 한 부문으로써 기반을 구축해 왔다. 이처럼 협회는 '꿀벌은 양봉 농가의 생계 수단이면서 꿀벌의 화분 매개 활동을 통한 공익적 가치가 매우 크다'는 것을 잘 알리고 있다.

예전부터 꽃의 개화에 따라서 움직이는 이동 양봉인들이 있다. 제주에서 유채꽃을 따고 유채꽃이 시들면 양봉가들은 화물선으로 벌통을 운반하여 아까시와 밤꽃을 따라서 남부 지방에서 위쪽 지방으로 옮겨 다녔다. 벌과 함께 꽃을 따라서 강원도 군사분계선 근처까지 이동하면서 채밀하였다.

하지만 이상기온으로 전국 동시 개화와 지구환경의 변화는 꿀벌 개체 수 감소를 가져왔으며, 여러 천적과 각종 질병 또한 꿀벌이 사라지는 현상을 가속시키고 있다. 따라서 꿀벌을 살리고 지켜나가기 위해서는 양봉인은 물론 청소년과 일반인들도 관심을 가지고 '꿀벌 보호'에 앞장서야 한다.

양봉산업의 3요소는 '밀원·꿀벌·양봉가'

1 양봉가의 주요 역할

❶ 벌집 돌보기

양봉가는 벌집이 건강한지 수시로 확인하고, 꿀벌이 편하게 살도록 환경을 조성하고 관리하기 위해 벌집을 돌본다. 양봉가가 꿀벌을 관찰하고 병해충을 방제하는 내부 검사는 작업 강도가 높고 벌통 수가 늘어날수록 양봉가 개인이 관리하기에는 한계가 있다.

따라서 정확한 벌집 내부 검사를 위해 딥러닝 기반 내부 검사 자동화 시스템 같은 새로운 기법을 도입하여 꿀벌의 건강 및 생산성 향상에 도움이 되도록 효율적인 꿀벌 관리가 필요한 시점이라는 최근 연구 발표가 있다.

❷ 꿀뜨기(채밀)하기

양봉가는 꿀을 수확할 때 벌들이 다치지 않도록 조심하면서 꿀뜨기(채밀)하며, 수시로 꿀벌 건강을 확인한다. 이때 기생충이나 꿀벌 질병이 있는지 살피고 꿀뜨기가 끝난 후, 꿀벌 수의사의 처방을 받아 진드기 구제 등 약제 처리를 한다.

❸ 겨울 준비하기

양봉가는 꿀을 수확할 때 겨울 동안 꿀벌이 먹을 식량(꿀)을 남겨주고 꿀을 채취한다. 최근 기후 변화로 겨울의 혹한 추위와 폭설은 꿀벌들의 겨울나기를 더 힘들게 하고 있다.

이러한 추위를 막고자 최근에는 벌통에 가온장치를 설치하기도 한다. 이렇듯 꿀벌을 돌봐주는 양봉가가 없으면 꿀벌도 힘들고 맛있는 벌꿀도 우리는 식탁에서 만날 수가 없다.

② 도시 양봉가

양봉은 농촌에서만 하는 게 아니다. 도시에서도 건물 옥상이나 공원에서 꿀벌을 키우는 '도시 양봉가'가 있다.

뉴욕, 런던, 서울 같은 대도시에서도 꿀벌들이 살고 있다. 도시에 꿀벌이 많아지면 공원이 푸르게 유지되고, 공기가 깨끗해진다. 도시 양봉가는 호텔, 카페, 박물관에서도 활동하며 도시 환경을 지키는 역할을 한다.

도시 양봉가는 꿀벌을 키우고 관리하는 전문가로 꿀을 채취하고, 벌집을 돌보고, 꿀벌이 건강하게 살도록 도움을 주고 있다.

꿀벌 보호 환경운동가 : 꿀벌을 지키는 사람들

2. 꿀벌 보호 환경운동가 : 꿀벌을 지키는 사람들

환경운동가(Environmental Activist)는 지구를 보호하기 위해 노력하는 사람들이다. 꿀벌 보호를 위한 환경운동가들은 꿀벌이 지구상에서 사라지지 않도록 꿀벌을 지키는 수호천사로서 다양한 활동을 하고 있다.

1 꿀벌을 위한 환경운동가들의 활동

❶ 농약 사용 자제 캠페인

꿀벌을 지키는 환경운동가는 농약 사용을 줄여야 한다고 강력하게 주장한다. 꿀벌을 해치는 농약 사용을 줄이기 위해 캠페인을 벌이고, 친환경 농업이 확산되도록 정부와 기업을 설득하는 활동을 한다.

❷ 꿀벌이 좋아하는 꽃을 심는 친환경 조성 운동

꿀벌을 지키는 환경운동가는 꿀벌이 사는 공간을 늘리기 위해 도시와 학교에 꽃밭을 조성하는 '꿀벌을 위한 정원 만들기' 운동을 전개하며 활동한다.

❸ 꿀벌 보호 운동 전개

꿀벌 보호 환경운동가는 꿀벌을 보호하는 책을 쓰거나 강연을 하면서 사람들에게 꿀벌 보호 운동을 적극적으로 알리는 활동을 한다.

꿀벌 보호 환경운동가들은 꿀벌 보호를 위한 다큐멘터리를 제작하기도 한다.

꿀벌 보호 환경운동가의 다양한 활동 덕분에 지구상의 꿀벌이 더 오래 살아갈 수 있다.

2 꿀벌 보호 운동 사례

❶ 꿀벌들을 구하라(Save the Bees) 캠페인

전 세계에서 진행되는 꿀벌 보호 캠페인으로 농약 사용을 줄이고 꽃밭을 늘리는 운동을 꿀벌 환경운동가는 전개하고 있다.

❷ 자연과의 연결(Biophilic Design) 설계와 양봉 융합

이탈리아 밀라노의 '보스코 베르티칼레(Bosco Verticale)', 네델란드 암스테르담의 '비 빌딩(Bee Building)'에 꿀벌 벌통이 설치되어 있다.

또한 꿀벌 고속도로(Bee Highway) 프로젝트는 꿀벌이 안전하게 이동할 수 있도록 도심 속 꽃길을 만들어 꿀벌이 많이 찾아올 수 있는 환경을 조성하는 일들을 꿀벌 환경운동가 중심으로 추진되고 있다.

꿀벌이 살 수 있는 환경을 만들어 가기 위해 함께하는 것

〜 일반인 : 꿀벌 보호, 우리는 무엇을 할 수 있을까? 〜

3. 일반인 : 우리는 무엇을 할 수 있을까?

양봉가도 아니고, 환경운동가도 아니고, 수의사도 아닌 일반인들이 꿀벌 보호를 위해 무엇을 할 수 있을까?

우리 주위에서 쉽게 실천할 수 있는 작은 일부터 시작하면 된다.

우선 꿀벌이 좋아하는 우리가 살고 있는 주위에 꽃을 심고, 농약 사용을 줄인 유기농 식품을 선택하여 구매하고, 꿀벌을 지키는 다양한 꿀벌 보호 캠페인에 참여하며 꿀벌이 살 수 있는 환경을 만들어 가기 위해 함께하는 것이다.

꿀벌들이 사람들과 함께 살아갈 수 있도록 양봉가, 꿀벌 보호 환경운동가, 꿀벌 수의사 그리고 일반인들도 모두 꿀벌을 보호하는 중요한 역할을 하며 '지구환경 지킴이'로 함께 할 수 있다.

11장
꿀벌 보호를 위한 노력

꿀벌은 자연 생태계에서 매우 중요한 역할을 담당하지만 기후 변화·농약 사용·도시화 등 다양한 요인으로 인해 갈수록 개체 수가 감소하고 있다. 이러한 위기를 극복하고 꿀벌을 보호하기 위해 전 세계적으로 다양한 노력이 이루어지고 있다.

해충 방제에 많이 사용되고 있는 화학 농약의 인간과 가축에 대한 잔류독성, 환경 오염, 저항성 해충 출현 등 문제와 꿀벌 보호를 위한 친환경 농약 연구 및 수요가 증가하고 있다.

또한 항공방제 살충제 살포로 산림 및 인접 생태계에 부정적 영향이 지속적으로 제기되고 있고, 화분매개자인 꿀벌이 살충제의 독성에 노출되어 벌무리의 감소로 이어진다는 연구발표도 있다.

꿀벌이 사라지면 우리의 식량과 환경도 위험해진다. 그렇다면 우리는 미래의 꿀벌을 위해 무엇을 할 수 있을까? 이 장에서는 친환경 농법, 도시 양봉의 활성화, 그리고 일상에서 개인이 실천할 수 있는 꿀벌 보호 방법에 대해 자세히 살펴보기로 한다.

우리는 미래의 꿀벌을 위해 무엇을 할 수 있을까?

친환경 농법과 꿀벌 보호

1. 친환경 농법과 꿀벌 보호

친환경 농법은 합성 농약 대신 자연 유래 물질이나 생물학적 방제법을 활용하여 해충을 관리한다. 예를 들어, 해충의 천적을 이용하거나, 특정 식물을 함께 재배하여 해충을 억제하는 방법 등이 있다.

이러한 방법은 꿀벌을 비롯한 유익한 곤충들의 피해를 최소화하고 생물 다양성을 유지하는 데 기여하고 있다.

1 꿀벌에게 해로운 기존 농법

기존의 농업 방식에서는 해충을 제거하기 위해 합성 농약과 살충제가 사용된다. 하지만 이러한 농약은 꿀벌에게도 치명적인 영향을 미치고 있다.

특히 네오니코티노이드(Neonicotinoid) 계열의 살충제는 꿀벌의 신경계를 마비시켜 방향 감각을 상실시켜 벌집으로 돌아오지 못하게 만들고 있다.

이는 군집붕괴현상(CCD, Colony Collapse Disorder)의 주요 원인 중 하나로 알려져 있다. 이를 방지하기 위해 친환경 농법의 도입이 중요하다.

❷ 친환경 농법의 등장

환경 친화형 살충제 연구와 함께 꿀벌에게 해로운 기존 농법 문제를 해결하기 위해 친환경 농법이 등장하고 있다.

친환경 농법은 꿀벌과 같은 수분 매개 곤충들이 안전하게 활동할 수 있도록 배려하는 방식으로 운영되고 있다.

이를 위해 친환경 농약인 생물농약은 인체에 부작용이 적고 안정성이 높아 환경친화적인 특성이 있다. 식물과 미생물 등을 이용한 새로운 환경 친화형 살충제 연구가 활발히 진행되고 있다.

❶ 자연 농약 사용

식물성 추출물이나 천연 미생물을 활용한 농약을 사용하여 꿀벌에게 직접적인 피해가 가지 않도록 한다. 자연 농약은 화학 합성 농약보다 환경에 안전하며, 해충의 저항성(내성) 문제를 감소시키고 토양과 수질 오염을 방지하는 이점이 있다.

이들 자연 농약으로는 님 오일(Neem oil)농약, 마늘·고추 추출 농약, 식초 농약, 계피 추출 농약, 우유 농약 등이 있으며, 사용할 때는 반드시 적정 농도로 꿀벌에 피해 없는지 확인한 후 사용할 것을 권한다.

❷ 꽃이 피는 정원 조성하기

꿀벌이 좋아하는 꽃을 심어 꽃가루와 꿀을 충분히 제공하기 위한 꽃이 피는 정원을 조성한다. 꿀벌이 꿀을 채취할 수 있는 밀원 식물을 농경지 주변에 심어 생태계를 조성한다. 해바라기, 라벤더, 유채꽃과 아까시나무 등은 꿀벌에게 좋은 밀원이다.

꿀벌이 서식할 숲과 초원을 보존하기 위해 무분별한 개발을 줄이고 도시 녹화 사업에 관심을 가지고 참여하여야 한다.

❸ 화학 비료 대신 유기 비료 사용

화학 비료 대신 퇴비나 콩과 식물 등을 활용하여 토양을 비옥하게 유지하고, 꿀벌이 안전하게 꽃가루받이를 할 수 있도록 환경을 조성한다. 이러한 친환경 농법은 꿀벌뿐만 아니라 전체 생태계에도 긍정적인 영향을 미친다.

친환경 농법은 꿀벌뿐만 아니라 전체 생태계에도 긍정적

도시 양봉과 생태 보호

2. 도시 양봉과 생태 보호

꿀벌 개체 수의 감소는 곧 도시 내 생물 다양성 감소, 식량 생산량 감소 같은 문제들로 직결되며, 오늘날 꿀벌 개체 수가 감소하는 문제를 해결하기 위한 전략으로 도시 양봉이 제시되고 있다.

이 도시 양봉이 꿀벌의 사회생태 시스템 구조를 전체적인 관점에서 분석하고 도시 양봉의 활성화를 위해 도시 내 유휴공간을 활용할 수 있는 시민참여 프로그램 도입, 지자체 투자, 유휴공간의 도시공원 및 녹지조성 등을 녹지계획 전략으로 제시하는 연구가 있다.

또한 최근 논문에 의하면 도시는 꿀벌 종의 대체 서식지로서 충분한 기회의 장소가 되고 있다. 도시 몇몇 지역에 저밀도 개발을 시행하고, 다양한 식물을 이용해 녹지를 조성하고 연결하는 것만으로 도시의 수분 가능성은 크게 향상될 것으로 봤다.

따라서 도시화로 인해 자연 서식지가 감소하면서 꿀벌의 서식 환경도 위협받고 있지만, 도시 내에서도 양봉을 통해 꿀벌을 보호하고 생태계를 보전하는 방법이 여러 도시에서 시도되고 있다. 도시 양봉은 건물 옥상, 공원, 정원 등 다양한 공간을 활용하여 꿀벌을 사육하는 활동을 말한다.

꿀벌, 도심에서도 적절한 환경이 조성된다면 생존

1 도시에서도 꿀벌이 살아갈 수 있을까?

일반적으로 꿀벌은 자연 속에서만 살아간다고 생각하기 쉽지만, 도심에서도 적절한 환경이 조성된다면 생존할 수 있다. 이에 따라 도시 양봉(Urban Beekeeping)이 새로운 꿀벌 보호 방법으로 주목받고 있다.

2 도시 양봉 중심 농업 공원의 이점

도시 양봉 중심 농업 공원은 다음과 같은 이점을 제공한다

❶ 도시의 녹지 공간 활용

건물 옥상, 공원, 개인 정원 등에 벌통을 설치하여 꿀벌이 서식할 수 있는 공간을 제공한다.

❷ 생물 다양성 증진

도시 내 다양한 식물의 수분을 돕고 식물의 번식을 촉진한다.

❸ 수분 매개 기능 향상

도시의 나무와 꽃들의 수분 매개를 도와 생태계를 유지한다.

❹ 환경 교육

시민들에게 꿀벌의 중요성과 생태계 보전의 필요성을 알리는 교육의 장이 된다.

❺ 꿀벌 보호 및 교육 효과

시민들이 직접 양봉 활동에 참여하며 꿀벌 보호의 중요성을 배울 수 있다.

❻ 지역 경제 활성화

도시 양봉을 통해 생산된 꿀을 지역 특산물로 활용할 수 있다.

❼ 지역 공동체 활성화

지역 주민들이 함께 참여하여 공동체 의식을 함양할 수 있다.

3 도시 양봉 중심 도시 농업 공원 사례

도시에서도 꿀벌을 위한 공간을 마련하고 아파트나 학교 옥상, 공원에 벌을 위한 작은 정원을 조성한다.

❶ 프랑스 파리

파리의 루브르 박물관, 오페라하우스 옥상 등에 벌통이 설치되어 있으며, 도시에서 자연 친화적인 방식으로 꿀을 생산하고 있다.

❷ 뉴욕과 런던

'뉴욕시 도시 양봉 네트워크(NYC Beepeeping Network)', '런던 비키퍼스 협회(London Beekeepers Association)' 등이 운영하는 양봉 교육 프로그램이 있으며, 도시 주민들이 직접 양봉을 배우고 참여하고 있다.

❸ 대한민국

서울의 남산공원과 어린이대공원 등에 벌통을 설치하여 꿀벌 보호 프로젝트를 진행하고 있다. 이들의 사례는 도시 환경 개선과 지속 가능한 미래를 위한 중요한 실천 모델이 될 수 있을 것으로 본다.

꿀벌의 먹이 활동 및 수분 활동, 도시 양봉으로 구성된 사회 생태 시스템의 구조를 복합적으로 고려하지 못한 상태로 운영될 때 일부 문제점이 발생하기도 한다.

하지만 앞으로 도시 환경 회복과 도시 농업 공원 내 양봉 활동의 정체성과 가치를 인식하고, 도시 농업 공원 초기 계획단계에서부터 도시양봉장의 안전기준과 설계기준을 통해 누구나 안전하게 이용할 수 있으며, 꿀벌의 가치를 높여주는 쾌적한 양봉 중심 도시 농업 공원 조성을 기대한다.

꿀벌을 살리는 작은 실천들

3. 꿀벌을 살리는 작은 실천들

꿀벌 보호는 특정 단체나 전문가들만 할 수 있는 일이 아니다. 우리가 일상에서 실천할 수 있는 조그마한 노력이 꿀벌 보호에 큰 도움이 되고 있다.

1 밀원식물 심기

꿀벌이 좋아하는 꽃이 피는 식물을 집 앞 정원이나 베란다, 공원 등에 심어 꿀벌이 먹이를 쉽게 찾을 수 있도록 도와준다(라벤더, 해바라기, 민트, 백리향, 클로버 등 심기).

2 꿀벌에게 해로운 물질 줄이기

❶ 살충제와 농약 사용 줄이기

유기농 식품 소비로 농약 사용 줄이기, 친환경 해충 방제법 사용(예: 식물 추출물 이용), 가정에서도 화학 농약 사용을 줄이고 친환경적인 해충 퇴치 방법(예: 식초나 마늘 추출물 사용)을 주로 사용한다.

❷ 플라스틱 사용 줄이기

꿀벌 서식지를 오염시키는 플라스틱 쓰레기를 감소시키고, 사용이 가능한 용기 사용 및 분리수거를 철저히 한다.

3 물 제공하기

꿀벌은 물을 마시기도 한다. 더운 날씨에 작은 접시에 물을 담아 벌들이 쉬면서 물을 마실 수 있도록 돕는다. 깊은 물그릇은 익사 위험이 있으므로 얕은 접시에 작은 돌을 넣어 꿀벌이 앉을 수 있도록 한다.

4 지역 양봉가 지원하기

지역에서 생산된 꿀을 구매하여 지속 가능한 양봉 산업을 지원하며, 일반 시중에서 판매되는 저가 꿀보다, 친환경 방식으로 생산된 지역 꿀을 소비하는 것이 꿀벌 보호에 직접적인 도움이 된다.

5 꿀벌 보호를 위한 사회적 노력

❶ 꿀벌 보호 캠페인 참여하기

그린피스 등의 환경 단체에서 진행하는 꿀벌 보호 프로젝트나 캠페인에 참여하고 서명 운동에 동참하며, SNS를 활용하여 꿀벌 보호의 중요성을 주변에 알린다.

❷ 정책과 법 제정을 위한 목소리 내기

꿀벌 보호를 위한 정책에 관심 가지고 정부와 기업이 친환경 정책을 시행하도록 요구한다.

6 꿀벌과 함께하는 미래 기술 개발

❶ 친환경 양봉 기술 연구

인류의 중요한 역할을 하는 양봉은 벌통 내부 검사 등의 노동강도와 데이터 기록의 어려움을 극복하기 위해 벌무리의 규모, 여왕벌 여부를 확인하는 데 필요한 기존 노동 방식을 대체할 내부 검사용 인공지능 모델 개발이 요구되고 있다.

또한 자연 친화적인 벌집 설계를 연구하고 꿀벌이 건강하게 살 수 있는 스마트 양봉 기술 개발이 필요하다.

❷ 꿀벌을 대신할 기술 개발

소형 드론 벌(로봇 벌)의 가능성과 한계를 살펴보고 자연생태계를 보존하는 것이 최선의 해결책임을 제시한다.

7 우리가 실천할 수 있는 작은 행동

벌이 좋아하는 꽃을 한 그루라도 심어보기, 자연 친화적 양봉 제품 선택하기, 환경 보호와 꿀벌 보호 활동에 참여하기가 있다. 이러한 작은 실천들이 모이면 꿀벌이 살아갈 수 있는 건강한 환경이 만들어지며 미래에도 꿀벌이 지구를 지킬 수 있는 환경이 조성될 것이다.

꿀벌 보호는 우리가 환경을 지키는 첫 발걸음

꿀벌 보호는 우리가 환경을 지키는 첫 발걸음이다. 친환경 농법을 확산시키고, 도시에서도 꿀벌이 살 수 있는 공간을 제공하며, 개인적으로 실천할 수 있는 노력 등을 하면 꿀벌의 생존율을 높일 수 있다.

따라서 꿀벌을 보호하는 것은 단순히 곤충을 보호하는 것이 아니라, 우리의 먹거리와 생태계를 지키는 중요한 일이다. 우리가 실천할 수 있는 것들을 조금씩 노력하여 꿀벌과 공존하는 세상을 만들어 나가야 한다.

꿀벌 세계와 꿀벌 수의사

부록

1. 꿀벌 보호 실천 가이드
2. 한글 양봉 용어

~ 꿀벌 보호 실천 ~

부록 1
꿀벌 보호 실천 가이드

꿀벌 보호는 전문가뿐만 아니라 우리가 참여할 수 있는 중요한 활동이다. 부록에서는 꿀벌을 위한 실천 방법과 꿀벌과 함께 살아가는 방법을 소개한다.

1. 꿀벌을 위한 꽃 가꾸기

꿀벌이 좋아하는 꽃 : 유채꽃 · 아까시꽃 · 벚꽃 · 밤꽃 등

꿀벌은 꿀과 꽃가루를 얻을 수 있는 다양한 꽃을 찾아다닌다. 하지만 지구환경의 다양한 요인과 도시화, 환경오염으로 인해 꿀벌이 머물 수 있는 꽃이 줄어들고 있다.

그래서 우리가 직접 꿀벌이 좋아하는 꽃을 심고 환경을 조성하면 꿀벌 보호에 큰 도움이 될 수 있다.

꿀벌이 좋아하는 꽃으로는 봄(유채꽃, 아까시꽃, 벚꽃 등), 여름(라벤더, 해바라기, 민트 등), 가을(국화, 코스모스, 허브류 등), 겨울(동백나무, 산수유 등) 계절별로 다양하다.

꽃 가꾸기 실천 방법으로는 베린다나 정원에 꿀벌이 좋아하는 꽃을 심고, 화학 농약 대신 친환경 퇴비와 천연 살충제를 사용하며, 물웅덩이를 만들어 꿀벌이 물을 마실 수 있도록 하는 등 환경 조성에 함께하였으면 한다.

2. 벌과 친구가 되는 방법

우리가 생각하는 꿀벌은 공격성이 강한 곤충이 아니다. 대부분 꿀벌은 자기방어를 위해서만 침을 쏘며, 함부로 위협하지 않으면 사람을 공격하지 않는다.

벌집·꿀벌 서식지에서는 자극하지 않고, 강한 향수나 화려한 옷 조심

우리가 일상생활 속에서 꿀벌과 평화롭게 함께 살아가는 방법으로는 꿀벌이 가까이 날아와도 갑자기 손을 휘두르거나 소리를 지르지 않고, 벌집을 발견하면 자극하지 않게 조용히 이동하며, 꿀벌이 많이 서식하는 벌집 근처에서는 강한 향수나 화려한 색상의 옷은 피하는 등 조금만 신경을 쓰면 된다.

3. 꿀벌 관련 직업

지구환경의 변화로 꿀벌 개체 수가 감소하면서 꿀벌을 보호하고 연구하는 다양한 직업들이 생겨나고 있다. 앞으로 지구환경 보호와 관련된 일을 하고 싶다면 꿀벌과 관련된 직업들에 관심을 가지고 한번 생각하기를 바란다.

꿀벌과 관련된 직업들

- **꿀벌 수의사**
  꿀벌의 질병을 진단하고 치료하는 전문가
- **양봉가**
  꿀벌을 키우고 꿀을 채취하는 농업인
- **환경 생태학자**
  꿀벌이 사는 환경을 연구하고 보호하는 연구자
- **곤충학자**
  곤충의 생태를 연구하는 학자
- **꿀벌 보호 환경운동가**
  지구환경 변화로 사라지는 꿀벌을 보호하는 환경운동가

4. 벌에 쏘였을 때 대처방안과 치료 방법

벌에 쏘였을 때 증상은 물린 부위가 부어오르며 통증이 발생한다. 가려움증과 피부가 붉어지는 홍반이 동반되며, 심한 경우 알레르기 반응으로 호흡곤란과 어지러움이 나타날 수 있다.

응급처치 방법으로는 벌침이 남아 있다면 카드나 핀셋을 이용해 제거한다. 손으로 짜면 독이 퍼질 수 있다.

쏘인 부위를 깨끗한 물로 씻은 후 차가운 물수건이나 얼음찜질하며, 가려움증과 부기를 완화하기 위해 항히스타민제를 바르거나 복용한다.

호흡곤란이나 어지러움의 심한 알레르기 반응이 나타나면 즉시 병원을 방문 한다.

5. 벌이 내 앞에 나타났을 때 대처 방법

꿀벌이 갑자기 가까이 다가오면 당황할 수 있지만, 침착하게 행동하면 벌이 스스로 떠나간다.

올바른 대처법으로는 손을 휘두르지 않고 가만히 있으며, 천천히 몸을 낮추고 조용히 이동하고, 만약 벌이 따라온다면 어두운 곳이나 실내로 이동한다.

피해야 할 행동으로는 벌집 근처에서 갑자기 뛰거나 소리를 지르지 않아야 한다. 벌을 손으로 때리거나 압박하면 도리어 공격을 받게 되고, 향이 강한 로션이나 향수·스프레이를 뿌리고 야외 활동하는 것을 피하여야 한다.

지구환경에서 꿀벌은 우리 환경과 식량 생산에 중요한 역할을 하고 있다. 지구환경 꿀벌 보호 실천 가이드를 통해 꿀벌을 보호하고, 꿀벌과 안전하게 함께 살아가는 방법을 우리는 실천할 수 있다.

지구환경 꿀벌 지킴이로서 우리의 작은 실천이 사라지는 꿀벌을 지키는 데 큰 도움이 될 것으로 믿는다.

부록 2
한글 양봉 용어

가상	→ 높임 통, 곁통	변성왕대	→ 비상왕 집
개포	→ 덮개*	복면포	→ 벌모자*
갱신 왕대	→ 바꿀왕 집	봉개	→ 벌덮개
격리판	→ 가름판*	봉개봉판	→ 번데기장
격왕판	→ 왕 막음판	봉교	→ 벌진, 벌찐
계상	→ 덧통(홑통)*	봉구	→ 벌뭉치
공소비	→ 빈 벌집	봉군	→ 벌무리
교미상	→ 짝짓기 통	봉독	→ 벌독*
내검	→ 벌통 검사*	봉밀	→ 벌꿀
내역봉	→ 내역벌*	봉세	→ 벌세력
단상	→ 홑통, 기본 통, 본통	봉솔	→ 벌솔
도봉	→ 도둑벌	봉아	→ 벌새끼 (알에서부터 번데기까지) (새끼 벌과 구별됨)
밀개	→ 꿀덮개(봉개 → 벌덮개)		
밀도	→ 꿀칼	봉아권	→ 벌새끼구역, 꽃가루 저장구역, 꿀저장구역
밀봉	→ 꿀벌	봉장	→ 벌터
방화	→ 꽃놀이	봉저	→ 벌번데기

봉충판	→ 알장, 애벌레장, 번데기장으로 구분하여 씀	소문급수기	→ 나들문 물통
봉침	→ 벌침	소문사양기	→ 나들문 먹이통
분봉	→ 분봉*	소밀	→ 벌집 꿀
분봉하다	→ 자연분봉	소방	→ 벌방
분봉내다	→ 인공분봉	소비	→ 벌집*
분봉군	→ 살림난 벌(자연분봉군) / 살림낸 벌(인공분봉군)	소비짓기	→ 집짓기
분봉성	→ 살림날 성질, 살림날 성향	소상	→ 벌통*
분봉열	→ 살림날 기운	소초	→ 벌집 기초*
사양·급이	→ 먹이 주기	소초광	→ 벌집 기초틀*
사양기·급이기	→ 먹이통	소충	→ 벌집벌레
산란성일벌	→ 알 낳는 일벌	소충나방	→ 벌집 나방
선풍작업	→ 부채질	아카시아꿀	→ 아까시꿀*
선풍 벌	→ 부채 벌	양봉	→ 벌치기, 양봉
설통	→ 설통, 벌 유인통	양봉하다	→ 벌치다
성충	→ 자란 벌, 어른벌	양봉인	→ 양봉인, 양봉가, 벌지기
소광	→ 빈틀	여왕봉 유입	→ 여왕벌 넣기
소비상잔, 측잔, 하잔	→ 벌집윗대, 옆대, 아랫대	외역봉	→ 밖일벌, (내역봉 → 집일벌)
소문	→ 벌통 입구*	왕대	→ 왕집

왕롱	→ 왕통, 왕 가두개	채밀	→ 꿀뜨기 / 꿀내리기 (벌집 꿀에서 내릴 때), 꿀 따기(고목이나 절벽에서 따왔을 때)
왕완	→ 왕기르개		
왕유	→ 벌 젖, 로열젤리, 여왕벌 젖	채분기	→ 꽃가루받개
웅봉	→ 수벌	채유	→ 로열젤리 뜨기
월동	→ 겨울나기	탈봉	→ 벌털기
유봉	→ 어린벌	하이브툴	→ 납긁개
유충	→ 애벌레	합봉	→ 벌합치기
유충판	→ 애벌레장	핵군	→ 짝짓기 벌
이충	→ 애벌레 옮기기	화밀	→ 꽃꿀
인공화분	→ 만든 꽃가루	화분	→ 꽃가루
잡화꿀	→ 야생화꿀*	화분단	→ 꽃가루 땡
자연화분	→ 자연 꽃가루	화분떡	→ 꽃가루 떡
저밀소비	→ 꿀장, 먹이장으로 구분	화분매개	→ 화분매개*
절양되다	→ 먹이가 떨어지다	훈연기	→ 연기통
조소	→ 집짓기	**토봉에 쓰이는 말**	
증소	→ 집 더 넣기, 집 넣기	한봉, 토종벌	→ 토봉
착륙판	→ 나들판	설통	→ 설통(벌 유인 통을 일컫는 말)
착봉소비	→ 벌 붙은 집	청개다리	→ 청개다리 (꿀이 찬 벌집이 무너져 내려오지 않게 가롯대를 대는 일)

자료출처 : (사)양봉관리사협회, 양봉관리 2023년 2월호.

※ 농촌진흥청 국립농업과학원 「양봉 용어 표준화」 16개 선정 양봉 용어
(2024년 12월 24일)

기존	뜻	개정어
개포	벌통을 열 때 벌들이 위로 올라오지 못하도록 씌우는 덮개	덮개
격리판	벌의 세력에 따라 벌이 붙은 범위를 가르는 막음판	가름판
계상	단을 쌓아서 벌통 내부 공간을 확장하기 위한 벌통	덧통(홑통)
내검	꿀벌 상태를 살피기 위해 벌집을 꺼내어 상태를 확인하는 작업	벌통 검사
내역봉	성충으로 나온 뒤 15일 이내의 일벌, 벌통 안에서 시간이 지남에 따라 각기 다른 임무 수행	내역벌
복면포	벌에 쏘이지 않게 머리부터 얼굴을 가리는 모기장으로 만든 주머니	벌모자
봉독	벌침을 사용할 때 나오는 독액	벌독
분봉	한 봉군이 2개 이상의 봉군으로 나뉘는 과정	분봉
소문	벌들이 드나드는 벌통 출입구	벌통 입구
소비	벌집 기초에 꿀벌이 밀랍으로 만든 벌집	벌집
소상	벌이 알을 낳고 기르고 먹이와 꿀을 저장해 생활하는 통	벌통
소초	일벌들이 벌집을 짓는데 기초가 되는 부분	벌집 기초
소초광	벌통에 넣어 일벌들이 집을 짓게 하는 기초가 되는 틀	벌집 기초틀
아카시아꿀	꿀벌들이 아까시나무의 꽃에서 채집해 저장한 꿀	아까시꿀
잡화꿀	여러 꽃에서 나온 꿀이 섞인 꿀	야생화꿀
화분매개	외부의 물리적인 힘으로 꽃 수분을 도와주는 것	화분매개

참고자료

강용락. 2021. 소나무재선충(*Bursaphelenchus xylophilus*) 매개충 방제 약제의 꿀벌 독성평가. 공주대학교 석사학위논문.

강종규. 2017. 한국 재래꿀벌(*Apis cerana*)의 생태 및 군집 구조 연구. 서울대학교 박사학위논문.

강창환. 2019. 기상요인 및 풍수지리에 의한 벌꿀 생산량 연구. 강원대학교 박사학위논문.

기우일. 2019. 신의 선물 Royal Jelly. 동일인쇄사.

김대중, 나기정, 김태융. 2024. 수의학용어집 제3판. 농림축산검역본부.

김경문. 2020. 양봉꿀벌의 육아 및 분봉 활동과 관련된 유전자발현 경로 분석. 서울대학교 박사학위논문.

김기영, 박영석. 2022. 꿀벌 전염병과 치료 기술 개발 경향. 한국양봉학회지. 37(3), 315-329.

김도현. 2024. 딥러닝 기반 양봉 내부 검사 자동화 시스템에 관한 연구. 전주대학교 석사학위논문.

김문섭. 2021. 주요 4수종의 밀원 가치평가 연구. 강원대학교 박사학위논문.

김문정. 2020. 꿀벌 병원체의 특이 유전자 검출을 위한 초고속 PCR법 및 사양꿀 판별을 위한 분자 검사법 개발. 경기대학교 석사학위논문.

김소민. 2020. 18종 꿀벌 병원체에 대한 신속 다중 검출법과 벌꿀 평가법 & 여왕벌 흑색병에 대한 단일클론항체 제작. 경기대학교 석사학위논문.

김원빈. 2024. GIS를 활용한 국내 밀원수 시계열 공간변화에 관한 연구. 국립 목포대학교 석사학위논문.

김윤희. 2023. 꿀벌에서 섭식병원체절편-난황단백질-하인두샘 축을 통한 차세대 전달 면역 활성화. 동아대학교 석사학위논문.

김윤호. 2021. 도시생태계 수분(受粉) 서비스 증진을 위한 양봉꿀벌과 호박벌의 출현 예측. 공주대학교 석사학위논문.

김은혜. 2021. 사양벌꿀 판별법 확립을 위한 설탕의 성분 분석. 전남대학교.

김지수. 2022. 꿀벌 장내미생물 첨가한 대용 화분떡 급이시 꿀벌의 특성 검정. 전남대학교 박사학위논문.

김지연, 최인수, 안아진, 정하진, 장미성, 조영관, 김용환. 2019. 양봉농가에서 생산된 프로폴리스 급여에 따른 꿀벌 질병의 저감효과. 한국가축위생학회지. 42(2), 85-92.

김진수, 김성수, 김진호. 2022. 꿀벌의 월동 폐사와 실종에 대한 기온 변동성의 영향. 한국양봉학회지.

김혜경, 이만영, 최용수, 김동원, 변규호, 강아랑, 이명렬, 김정은, 변규호. 2018. 꿀벌 질병(세균·진균)의 친환경 방제를 위한 천연물 소재 개발 및 등검은말벌 방제 실증시험. 「농촌진흥청 농업과학기술 연구개발사업 보고서. 국립농업과학원.

김희성, 정년기. 2015. 프로폴리스 면역혁명. 모아북스.

농림축산검역본부. 2025. 동물용의약품정보관리시스템. http://medi.qia.go.kr

박상현. 2025. 꿀벌치기와 밀원지 조성의 선택적 수용과 가치 변화 연구. 한국전통문화대학교 석사학위논문.

박지영. 2019. 꿀벌(*Apis mellifera*)의 일벌 성장 단계별 행동 연구. 경북대학교 석사학위논문.

백원기, 곽애경, 이명렬, 최용수, 김혜경, 최경숙. 2015. 국내산 16종 벌꿀의 일반 성분, 유리당, 비타민 C 및 무기질 함량 분석. 동아시아식생활학회지. 25(5), 867-879.

법제처. 2025. 가축전염병예방법. http://www.law.go.kr

세계자연기금(WWF) 한국본부. 2024. 대기오염으로 인한 꿀벌 사정거리의 감소가 생태계에 미치는 영향 분석.

양근영. 2017. 도시양봉의 활성화 방안에 대한 연구. 디자인융복합학회지. 16(2), 35-47.

위르겐 타우츠. 2009. 경이로운 꿀벌의 세계. 초개체 생태학. 유영미 역. 도서출판 이치사이언스.(원서 출판 연도: 2007)

유미선, 조윤싱, 윤보람, 강정은, 윤순식. 2020. 꿀벌응애 감염현황 및 구제제 내성율 조사. 농림축산검역검사기술개발 연구과제 연차실적보고서. 농림축산검역본부.

윤승렬. 2020. 도시양봉 중심 도시농업공원 설계. 서울시립대학교 석사학위논문.

이도부, 양옥순, 한상훈, 임윤규, 윤병수. 2004. Real-time PCR을 이용한 미국부저병 원인균인 *Paenibacillus Larvae Larvae*의 신속 진단. 한국양봉학회지. 19(2), 97-108.

이수진. 2021. 양봉꿀벌의 위생행동 및 화분매개 신호에 관련된 휘발성 유기화합물 연구. 인천대학교 석사학위논문.

이인행, 김지연, 최종욱, 고바라다, 정보람, 박재성, 나호명, 김용환. 2018. 광주광역시 꿀벌질병 동향조사. 한국가축위생학회지. 41(2), 111-118.

이홍구. 2023. YOLO 기반 꿀벌 응애 객체 인식 기술 개발. 강원대학교 석사학위논문.

임수진, 김정민, 이칠우, 윤병수. 2017. 꿀벌 6종 주요 병원체에 대한 초고속 다중 PCR 검출법의 개발. 한국양봉학회지. 32(1), 27~39

임재영. 2024. 꿀벌 알 탐지를 위한 소형 객체 검출 연구. 전주대학교 석사학위논문.

장영덕, 정헌관, 이창수, 박상구. 2018. 꿀벌과 양봉. 오성출판사.

최용수, 이명렬, 이만영, 이광길. 2008. 꿀벌응애(*Varroa destructor*)를 통한 꿀벌 바이러스의 진단. 한국양봉학회지. 23(3), 171-176.

최호준, 김민, 전진형. 2024. 꿀벌의 사회생태시스템 분석을 통한 도시 양봉 활성화 녹지 계획 전략 제시. 한국조경학회지. 52(1), 46-58.

토머스 D. 실리. 2021. 꿀벌의 민주주의. 하임수 역. 에코리브르.(원서 출판 연도: 2010)

토머스 D. 실리. 2021. 꿀벌의 숲속살이. 조미연 역. 에코리브르.(원서 출판 연도: 2019)

하정순, 이혜민, 이도부, 손원근, 임윤규, 윤병수. 2006. Real-time PCR을 이용한 유럽부저병 (European foulbrood) 원인균인 Melissococcus plutonious의 신속 검출. 한국양봉학회지. 21(1), 19-26.

현방훈, 조윤상, 유미선, 한도현, 서현지, 이명렬, 최용수, 김혜경. 2017. 작은벌집딱정벌레 감염증 발생, 작은벌집딱정벌레 예방 및 관리. 농림축산검역 본부, 농촌진흥청 국립농업과학원 공동발행.

홍동의. 2024. 외래침입종 등검은말벌의 방제를 위한 생물적 특성 연구. 안동대학교 석사학위논문.

황하오난. 2023. 딥러닝 기반 실시간 말벌탐지에 관한 연구. 호남대학교 석사학위논문.

Allen MF, Ball BV. 1996. The incidence and world distribution of the honey bee viruses. Bee World. 77: 141-162.

Benjeddou M, Leat N, Allsopp M, Davison S. 2001. Detection of Acute Bee Paralysis Virus and Black Queen Cell Virus from honeybees by Reverse Transcriptase PCR. Appl Env Microbiol 67: 2384-2387.

Core A, Runckel C, Ivers J, Quock C, Siapno T, Denault S, Brown B, Derisi J, Smith CD, Hafernik J. 2012. A new threat to honey bees, the parasitic phorid fly *Apocephalus borealis*. PLoS One 7(1): e29639.

Grabensteiner W, Ritter W, Carter MJ, Davison S, Pechacker H, Kolodziejek J, Boecking O, Derakhshifar I, Moosbeckhofer R, Licek E, Nowotny N. 2001. Sacbrood virus of the honeybee (*Apis mellifera*): rapid identification and phylogenetic analysis using reverse trascription-PCR. Clin Diagn Lab Immunol 8: 93-104.

Ha JS, Lee HM, Kim DS, Lim YK, Yoon BS. 2005. A PCR detection method of *Melissococcus pluton* for rapid identification of European foulbrood. Korean J Apiculture 20: 9-18.

Hachiro. S, David AK. 2000. Diagnosis of honey bee diseases. U.S department of agriculture. agriculture handbook no AH-690,61, 1-52.

Jeon DM, Kim SH, Yook SY, Yeam NH, Do JY, Song SY, Heo EJ, Sin CH. 2013. Prevalence of honeybee (*Apis mellifera*) disease in Cheonan - Asan areas, Korea. Korea. Korean J Vet Serv 36: 147-150.

Kim HK, Choi YS, Lee ML, Lee MY, Lee KG, Ahn NH. 2008. Detection of sacbrood virus (SBV) from the honeybee in Korea. Korean J Apiculture 23: 103-109.

Kim YJ, Kim JH, Oh YH, Lee SJ, Son SK, Joung EY, Lee SJ, Lee SJ, Mon BC. 2016. Prevalence of honeybee (*Apis mellifera*) disease in Daejeon, Korea. Korea. Korean J Vet Serv 39(4): 253-258.

Kojima Y, Toki T, Morimoto T, Yoshiyama M, Kimura K, Kadowaki T. 2011. Infestation of Japanese native honey bees by tracheal mite and virus from non-native European honey bees in Japan. Microb Ecol. 62(4): 895-906.

Lee HM, Ha JS, Jo YH, Nam SH, Yoon BS. 2004. PCR detection method of *Ascosphera apis, Aspergillus flavus* for rapid identification of fungal disease in honeybee. Korean J apiculture 19(2): 139-148.

Lee HM, Lee DB, Han SH, Nam SH, Lim YK, Yoon BS. 2005. Rapid identification of *Ascosphera* apis causing chalkbrood disease in honeybee by real-time PCR. Korean J Apiculture 20: 109-116.

Leslie Bailey. 1981. Honey bee pathology. Academic press. 26-39

Liu X, Zhang Y, Yan X, Han R. 2010. Prevention of Chinese sacbrood virus infection in *Apis cerana* using RNA interference. Curr Microbiol 61: 422-428.

Ouh IO, Do JC, Jeong TN, Cho MH, Kwak DM. 2013. Molecular detection of infectious pathogens in honeybee colonies reared in eastern Gyeongbuk province, Korea. Korean J Vet Serv 36: 37-44.

Pyo SJ, Kim JS, Lee DH, Sohn HY. 2020. Absorbance as Simple Indicator for Polyphenol Content and Antioxidant Activity of Honey. Journal of Life Science 30(6): 555~562.

Ribiere M, Triboulot C, Mathieu L, Aurieres C, Faucon JP, Pepin M. 2002. Molecular diagnostic of choronic bee paralysis virus infection. Apidologie 33: 339-351.

Stoltz D, Shen XR, Boggis C, Sisson G. 1995. Molecular diagnosis of Kashmir bee virus infection. J Api Res 34: 153-160.

Thu HT, Thi Kim, Lien N, Thuy Linh M, Le TH, Hoa NT, Hong Thai P, Reddy KE, Yoo MS, Kim YH, Cho YS, Kang SW, Quyeu DV. 2016. Prevalence of bee viruses among *Apis cerana* populations in Vietnam. J Apic Res 55: 379-385.

Truong A Tai. 2019. Development of methods for accurate detection of honeybee pathogens and molecular determination of adulterated honey. Graduate School Kyonggi University.

Yoo MS, Lee DW, Kim IW, Kim DS, Kwon SH, Lim YG, Yoon BS. 2007. Identification of black queen cell virus from the honeybee in Korea. Korean J Apiculture 22: 43-52.

Yoo MS, Yoon BS. 2009. Incidence of honeybee disease in Korea 2009. Korea J Apiculture 24: 273-278.

Epilogue
꿀벌 사랑

작사 김용환·기혜영 / 작곡 김성현 / 노래 김록환과 K싱어즈

꿀벌 사랑

꿀은 꿀벌의 소중한 식량이지
우리가 채취하여 먹고는 잊고 살지 우~후

환경변화로 질병에 시달려
세균과 살충제에 굴하지 말자고

기후변화로 꿀벌이 사라지지만
환경 지키는 꿀벌 수의사가 있어서 힘이나

화분 전해줄 꿀벌이 사라진다면
오~호 지구촌의 모든 환경 사라져

꿀벌아 내 꿀벌아 ~
지구 환경지킴이 꿀벌아~

꿀벌아 내 꿀벌아~
사랑하는 우리 꿀벌아~

꿀벌 사랑 노래는 단순한 동요나 일반적인 노래가 아니라, 꿀벌 보호와 환경 문제를 주제로 한 의미 있는 곡이다.

가사를 해석하면 이 노래는 단순히 꿀벌의 생태를 소개하는 것이 아니라, 기후변화, 환경오염, 농약 사용 등으로 인해 꿀벌이 위기에 처해 있다는 점을 알리고, 이를 지키기 위한 노력의 중요성을 강조하고 있다.

노래의 분위기와 음악적 느낌

이 노래는 경쾌하고 밝은 멜로디를 가지고 있다. 가사에 "우~후" 같은 감탄사가 포함되어 있어, 단조로운 환경 캠페인 노래가 아니라 듣는 사람이 쉽게 따라 부를 수 있도록 만들었다.

하지만 가사 자체는 꿀벌의 위기와 환경 문제의 심각성을 담고 있어, 밝은 멜로디와 대비되는 메시지를 전하는 방식을 사용하고 있다. 이는 대중 특히 청소년이 환경 문제에 더 친근하고 쉽게 접근할 수 있도록 하기 위한 것이다.

꿀벌 사랑 노래는 국가정책과 사회문제를 노래로 전하는 국가정책홍보가수 김록환교수(정책 · 사회문제 16집 38곡 발표)가 노래하였다

가사의 주요 의미

꿀벌과 인간의 관계

♪꿀은 꿀벌의 소중한 식량이지 / 우리가 채취하여 먹고는 잊고 살지 우~후

이 가사는 꿀벌이 열심히 모은 꿀을 인간이 채취해 먹지만, 정작 우리는 꿀벌의 노고를 잊고 살아간다는 점을 지적하고 있다. 즉, "꿀을 얻기 위해 꿀벌을 이용하면서도, 우리는 꿀벌을 보호하는 데 소홀한 것은 아닌가?" 하는 문제의식을 던지는 가사이다.

꿀벌이 처한 위기

♪환경 변화로 질병에 시달려 / 세균과 살충제에 굴하지 말자고
♪기후변화로 꿀벌이 사라지지만 / 환경 지키는 꿀벌 수의사가 있어서 힘이나

이 가사는 기후변화와 질병, 농약 사용 등으로 인해 꿀벌이 위기에 처해 있음을 강조하고 있다. 하지만 단순히 비관적인 메시지를 전달하는 것이 아니라, "꿀벌 수의사"라는 존재를 언급하며 희망적인 메시지를 함께 전달하고 있다. 즉, 꿀벌을 지키기 위해 노력하는 사람들이 있으며 이런 노력이 희망을 줄 수 있다는 긍정적인 시각을 담고 있다.

꿀벌이 사라진다면?

> ♪화분 전해줄 꿀벌이 사라진다면 / 오~호 지구촌의 모든 환경 사라져

이 가사는 꿀벌의 역할을 강조하고 있다. 꿀벌은 단순히 꿀을 만드는 것이 아니라 꽃가루를 나르는 중요한 매개체로서 지구 생태계를 유지하는 역할을 하고 있다. 즉, 꿀벌이 사라진다면 작물 수분이 이루어지지 않아 식량 위기가 올 수도 있고 더 나아가 생태계 전체가 위험에 처할 수 있음을 경고하고 있다.

꿀벌에 대한 애정과 보호의 필요성

> ♪꿀벌아 내 꿀벌아~ 지구 환경지킴이 꿀벌아~
> ♪꿀벌아 내 꿀벌아~ 사랑하는 우리 꿀벌아~

이 가사는 마치 꿀벌을 애틋하게 부르는 듯한 느낌을 주고 있다. "내 꿀벌아"라고 반복해서 부르는 것은 꿀벌이 단순한 곤충이 아니라, 함께 살아가는 소중한 존재이며, 우리가 사랑하고 보호해야 할 대상임을 강조하고 있다.

"지구 환경지킴이"라는 표현을 통해 꿀벌이 단순한 곤충이 아니라, 지구 생태계를 지키는 중요한 존재임을 다시 한번 대중에게 알리고 있다.

노래의 핵심 메시지

꿀벌 사랑 노래는 지구환경 변화로 사라지는 꿀벌 보호를 위한 환경 의식을 높이는 데 목적을 둔 곡이다. 가사를 통해 다음과 같은 메시지를 전달하고 있다.

- 꿀벌은 단순한 곤충이 아니라, 인간과 자연 모두에게 필수적인 존재이다.
- 기후변화, 살충제 사용, 질병 등으로 꿀벌이 사라지고 있으며 이는 심각한 지구환경 문제로 이어지고 있다.
- 꿀벌을 보호하기 위해 노력하는 사람들이 있으며, 우리가 함께 이에 관심을 갖고 행동해야 한다.
- 이제 꿀벌을 지키는 것은 결국 우리가 살고 있는 지구환경과 미래를 지키는 것이다.

노래의 활용

꿀벌 사랑 노래는 청소년이나 어린이들에게 지구환경 지킴이로서 꿀벌 보호의 중요성을 쉽게 전달하는 노래이다

- 학교 환경 교육 프로그램에서 활용 → 학생들이 환경 문제를 노래로 쉽게 이해할 수 있음
- 꿀벌 보호 캠페인 및 이벤트에서 사용 → 꿀벌의 중요성을 알리는 캠페인 노래로 적합
- SNS나 유튜브 콘텐츠로 홍보 → 환경 문제에 대한 대중의 관심을 높일 수 있음

따라서 이 노래는 단순한 동요가 아니라, 꿀벌 보호와 환경 의식을 높이는 메시지를 담은 '환경 캠페인 노래'로서 앞으로 널리 활용되었으면 한다.

**청소년과 일반 독자들에게 꿀벌의 중요성을 알리고,
꿀벌이 살기 좋은 환경 조성을 위해 준비한 '꿀벌 세계와 꿀벌 수의사' 책이
많은 사랑 받기를 바라며, '지구환경 꿀벌 지킴이'로 활동하는
꿀벌 수의사들에게 많은 응원을 부탁드린다**

저자 소개

지구환경지킴이 꿀벌수의사 김용환 박사·기혜영 박사

김용환 원장

전남대학교 수의과대학 수의학박사

전 광주광역시 보건환경연구원장
전 광주광역시 동물위생시험소장
전 한국동물위생학회 학술위원장
현 글로벌꿀벌동물병원 대표원장
현 대한꿀벌수의사회 부회장
현 한국양봉학회 회원
현 농림축산식품부 양봉농가 질병관리 컨설팅 자문단
현 광주광역시수의사회 감사
현 광주전남수의임상연구회장
현 광주환경공단 기술자문위원회 위원
현 광주광역시 동물실험윤리위원회 위원
현 전남대학교 총동창회 부회장

표창 대한민국 홍조근정훈장
노래 꿀벌사랑 작사

기혜영 원장

전남대학교 수의과대학 수의학박사

전 광주광역시 서부농수산물검사소장
전 광주광역시보건환경연구원 수인성질환과장
전 대한감염학회 회원
전 대한미생물학회 회원
현 글로벌꿀벌동물병원 원장
현 대한수의사회 회원
현 대한꿀벌수의사회 회원
현 한국양봉학회 회원

표창 대한민국 근정포장
노래 꿀벌사랑 작사

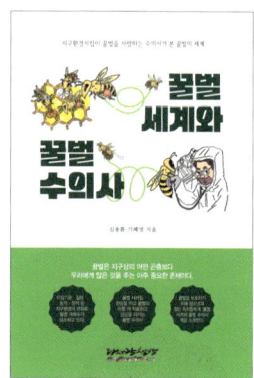

김용환, 기혜영 지음

1쇄발행	2025년 4월 30일
2쇄발행	2025년 9월 12일
지은이	김용환 · 기혜영
펴낸이	김록환
기획	김태현
디자인	AandF communication
펴낸곳	다사랑책방
출판등록	제2024 - 000038호
전자우편	workjob@hanmail.net

ⓒ 김용환 · 기혜영, 2025

이 책은 저작권법에 따라 보호를 받는 저작물이므로 무단 전재와 무단 복제를 금지하며,
이 책 내용의 전부 또는 일부를 이용하려면 반드시 저작권자와 다사랑책방의 서면동의를 받아야 합니다.
책값은 뒤표지에 있습니다. 잘못된 책은 바꾸어 드립니다.

ISBN 979-11-987352-0-1(03490)

* 이 도서는 국립중앙도서관 ISBN · ISSN · 납본시스템 홈페이지(https://www.nl.go.kr/seoji)에서
  ISBN을 신청하여 받았습니다.

* 다사랑책방은 독자 여러분의 책에 대한 원고 투고를 기다리고 있습니다.
  책 출간을 원하신 분은 이메일 workjob@hanmail.net으로 연락주시면 감사하겠습니다.

다양한 문화를 사랑하는
다사랑책방